揭秘
Kotlin 编程 原理

封亚飞 著

电子工业出版社.

Publishing House of Electronics Industry

北京·BEIJING

内 容 简 介

Kotlin被谷歌宣布为官方语言以来，引发了极大的关注，并成为学习的热点。

本书主要从封装、继承和多态三个方面全面介绍Kotlin面向对象设计的语法特性及其背后的实现方式。全书可分为基础篇、实战篇与提高篇，内容上层层深入，揭示了Kotlin对属性包装、多种形态的函数定义方式以及各种特殊类型的定义等方面的背后实现机制。

本书适合各种编程语言的开发者阅读，不管你是Java开发、Kotlin开发、Android开发，还是PHP、JSP，或者是C、C++、VB、Go语言的爱好者，都可以翻开阅读。因为里面总会有让你感到熟悉的一些语言特性，当你看到Kotlin中也有这样一种特性的时候，你一定会会心一笑！

图书在版编目（CIP）数据

揭秘 Kotlin 编程原理 / 封亚飞著. —北京：电子工业出版社，2018.3

ISBN 978-7-121-33481-8

Ⅰ.①揭… Ⅱ.①封… Ⅲ.①JAVA 语言－程序设计 Ⅳ.①TP312.8

中国版本图书馆 CIP 数据核字(2018)第 006815 号

策划编辑：刘　皎

责任编辑：牛　勇

印　　刷：三河市华成印务有限公司

装　　订：三河市华成印务有限公司

出版发行：电子工业出版社

　　　　　北京市海淀区万寿路 173 信箱　　邮编：100036

开　　本：720×1000　　1/16　　印张：18.75　　字数：324 千字

版　　次：2018 年 3 月第 1 版

印　　次：2018 年 3 月第 1 次印刷

定　　价：79.00 元

前　言

谷歌作为世界级的科技公司巨头，强悍的技术研发与创新能力使其一直是业界的楷模，其在各个领域的每一次创新，都能够引领一个新的时代！

Kotlin 便是其最新的一个创新力作。

编程语言的历史已经超过了半个世纪，从最初的机器二进制码，到汇编、B 语言，再到 C 语言，再到由 C 语言所开发出的其他若干种编程语言。每一种编程语言都有其特定的用途，例如 C 语言通常用于开发底层系统软件或者驱动程序，而部分更底层的功能则必须要由汇编甚至是直接的机器指令去完成。再如 C++、Delphi 曾经统治了 PC 桌面软件的开发领域，而应用服务器端的开发则长期被 PHP、ASP、JSP 垄断，浏览器端的嵌入式脚本则几乎由 JavaScript 语言一统天下。

这几年互联网领域先后经历了几次大革命，包括物联网、大数据、云计算等，如今则处于人工智能的火热时代。在这个时代，人们极其努力地开启机器智慧，在大数据样本下，通过算法，让机器进行一定的模糊识别，从而解决很多传统办法解决不了的棘手问题。伴随其中的一个重要的编程语言便是 Java，因为 Java 的口号是 "write once, run anywhere"（即：一次编写，到处运行）。Java 由于其强大的跨平台（主要指操作系统）能力，而备受各种中间件组件开发人员的钟爱。而 Java 之所以能够跨平台，主要归功于 JVM 虚拟机。

JVM 虚拟机内部针对不同的底层平台进行了通用性抽象，从而可以让 Java 这种上层编程语言对外提供统一的 API，例如在进行多线程开发时，开发者无须在不同的平台上引入不同的类库，而在开发界面视图时，Java 也提供统一的界面组件类库。平台的差异化工作都交给底层的 JVM 虚拟机进行适配处理，从而让高层业务开发人员可以专心进行业务设计与逻辑实现，不用再关心底层各种纷繁复杂的硬件和平台特性。开发人员唯一需要感知的平台差异性仅仅在于需要在不同的平台上下载平台相关的 JVM 软件而已。

在 Java 刚推出来的几年里，由于 JVM 的性能低下，导致不太被认可。但是后来随着各种黑科技的引入，例如 JIT 即时编译、基于 Java 字节码的栈顶缓存技术、垃圾回收算法的改进、JDK 高性能类库（例如并发包、NIO 等）的发布，等等，JVM 的性能得到长足改进和飞速提升，早已今非昔比，在部分场景下甚至比 C/C++的性能还要高，例如运行期所进行的方法与线程级的逃逸分析以及 C1、C2 分级动态编译等技术。人们再也没有任何理由拒绝使用 Java，所以 Java 得到了飞速发展，多年来稳居服务端应用编程语言使用率第一的宝座。

同时，JVM 是一个开源的产品，在技术体系上也是开放的，当然，并不是无条件的开放，而是在统一的技术规范下，不对实现做任何约束。因此各种基于 JVM 规范的编程语言也得以被发明出来，例如 Scala、Clojure、Groovy 等，甚至 PHP、Ruby 等程序也可以转换到 JVM 规范。不管高级编程语言是 Java 还是 Scala，只要能够被翻译成 Java 字节码，JVM 都能够执行，这便是技术规范的开放性。

虽然 Java 与 JVM 在最近这些年取得了巨大的成功，但是也并非没有缺点。例如 Java 是一种严格的面向对象设计的编程语言，一切编程要素都被严格编写在 Java 类型内部，你不可能像 C 语言那样，直接在源程序中定义一个函数。这种完全的面向对象设计的特性也给 Java 自己造成了很多不便，例如无法对底层类库进行扩展，除非你去继承并实现一个新的类型。

同时，Java 编程语言的语法太过于严格和死板，不像很多其他编程语言那样，有不少让人心动的功能特性，这种死板和严格往往会造成工作效率的低下。

于是，Kotlin 诞生了。

当笔者刚看到 Kotlin 时，并没有多少惊讶。因为 Kotlin 底层仍然是基于 JVM 虚拟机的，主要是"仍然"哟！因为基于 JVM 的编程语言太多了，它们都有自己的"脾气"和鲜明的"性格"，很难说谁比谁好。更何况，笔者刚刚读完了 JVM 底层的源代码，并汇编成书——《揭秘 Java 虚拟机：JVM 设计原理与实现》（有兴趣的读者可以上淘宝、京东、亚马逊、当当等主流平台上选购），因此笔者并没有觉得 Kotlin 会"玩"出啥新的花样来。然而，随着对 Kotlin 特性了解的加深，笔者越来越发现 Kotlin 真的不是随随便便搞出来的一个全新的编程语言——如果你有多年的编程开发经验，并且熟知很多的编程语言，你会对 Kotlin 感到很惊讶！因为这真的是一门融合了众多编程语言特性的编程语言，并且是在不违反 JVM 规范的基础上，将其他众多语言的特性融入了进来，说其是博采众家之长，一点也不为过。

在惊讶之余，笔者将对 Kotlin 的理解写了下来，并形成了本书。本书着重为你介绍 Kotlin 各种高级特性背后的实现机制，希望我们可以一起探讨 Kotlin 背后的设计哲学。

本书主要从封装、继承和多态这三方面介绍 Kotlin 的面向对象设计的语法特性及其背后的实现方式。

其中详细讲解了 Kotlin 在面向对象封装方面所作出的努力，Kotlin 保留了 Java 封装好的一面，勇敢地摒弃了其不好的一面，例如对静态字段和方法的舍弃与变通。而在方法封装上，Kotlin 更是玩出了新花样，打破了 Java 封装的彻底性，让 Java 开发者可以体验"面向过程"编程的感觉。同时，Kotlin 充分吸收其他编程语言中的好的语言特性，提供了诸如 VB 语言中的"with 语法"。

在继承方面，Kotlin 也有自己的思考，其综合了 Java 和 C++等面向对象编程语言继承的优缺点，设计出自己的一套独特的继承机制。不过 Kotlin 依然保留了 Java 语言中一个类不能同时继承多个类的强制约束。

Kotlin 给人最多的惊艳，都集中在"多态"这一领域。其中，最让笔者惊叹的便是 Kotiln 提供了这样一种能力：不用修改原有类，也无须通过继承的方式，就能为某个类增加新的行为。虽然 Kotlin 仅仅是取巧，仅仅实现了一个语法糖的包装，但是这种小的改变却秀出了"美"的新高度。或许，这都不能算是继承，这里姑且将其与继承混为一谈吧。

另外，操作符重载也是 Kotlin 中一个非常惊艳的功能，给了笔者不小的冲击力——也许是知识的贫乏限制了笔者的想象力。

如果仅仅讲解 Kotlin 的语法，多么无聊。所以，本书并没有只停留于以往内容层面的介绍，作为一名对技术抱有极大热情、凡事喜欢刨根问底的极客（姑且是往自己脸上贴金吧^_^），笔者进一步研究了 Kotlin 各种高级特性背后的实现机制。本书主要揭示了 Kotlin 中属性包装、多种形态的函数定义及各种特殊类型的定义等背后的实现机制。由于 Kotlin 并没有自己的虚拟机，而是完全托管于 JVM 虚拟机，所以 Kotlin 最多只能将技术玩到"Java 字节码"这一层，而笔者对此则是再熟悉不过的。

本书适合各种编程语言的开发者阅读，不管你是使用 Java、Kotlin、Android 开发，还是使用 PHP、JSP 开发，甚至是使用 C、C++、VB、GO 开发，都可以阅读本书。因为你总会从本书中读到一些熟悉的语言特性，当你看到 Kotlin 中也有这样一种特性的时候，你一定会心一笑！

注册博文视点社区（www.broadview.com.cn）用户，即享受以下服务：

- 提勘误赚积分：可在【提交勘误】处提交对内容的修改意见，若被采纳将获赠博文视点社区积分（可用来抵扣购买电子书的相应金额）。
- 交流学习：在页面下方【读者评论】处留下您的疑问或观点，与作者和其他读者共同交流。

页面入口：http://www.broadview.com.cn/33481

目　录

1

快速入门

1.1 简介

谷歌在 2017 年的 I/O 开发者大区会上宣布了安卓开发全面支持 Kotlin 编程语言。虽然谷歌时至今日才支持 Kotlin，但是 Kotlin 的历史却比这个要早很多——

Kotlin 是 JetBrains 在 2010 年推出的基于 JVM 的新编程语言，其主要设计目标如下：

- 兼容 Java。
- 比 Java 更安全，能够静态检测常见的陷阱，如引用空指针。
- 比 Java 更简洁，通过支持变量类型推断、高阶函数（闭包）、构造函数、混合（mixins）和一级委托等来实现。
- 比最成熟的竞争对手 Scala 语言更加简单。

Kotlin 的愿景是在现代应用程序的所有组件中使用单一的表达式，并成为高性能的强类型语言。Kotlin 对单一表达式和高性能的支持基于以下两点：

- 对 JavaScript 提供支持，支持所有 JavaScript 语言特性、大部分标准库及 JavaScript 互操作性。这允许将应用程序的浏览器前端迁移到 Kotlin，同时继续使用现代的 JavaScript 开发框架（如 React）。
- 引入了对协同程序的支持。作为线程的轻量级替代，协同程序支持更多可扩展的应用程序后端，在单个 JVM 实例上支持大量工作负载。除此之外，协同程序是一个非常具有表现力的实现异步行为的工具，这对于在所有平台上构建响应式用户界面很重要。

下面给出两个地址。

Kotlin 官网：http://jetbrains.com/kotlin。

Kotlin 源码：http://github.com/JetBrains/Kotlin。

除了以上这些强大的特性外，Kotlin 还支持以下特性：

- Kotlin 可以自由地引用 Java 的代码，反之亦然。
- Kotlin 可以引用现有的全部 Java 框架和库。
- Java 文件可以很轻松地借助 IntelliJ 的插件转成 Kotlin。

Kotlin 可以做到与 Java 百分之百互通，并具备诸多 Java 尚不支持的新特性。Kotlin 可以使用 Java 所有的 Library，两种代码可以在同一个项目中共存，甚至可以做到双向的一键转换。

正是由于 Kotlin 有这么多新特性，所以才最终得到谷歌的垂青。这些新特性绝非锦上添花，而是能够实实在在解决问题，所以 Kotlin 受到广大程序员的追捧也在情理之中。

Kotlin 虽然十分强大，但是其底层仍然基于 JVM（Java Virtual Machine），这也是 Kotlin 能够与 Java 百分之百兼容的技术基础。不过从这个角度来看，Kotlin 的精华其实是提供了各种语法糖，通过这些语法糖，开发者可以提高编程效率，并提升程序的健壮性。

这里不得不提一下 Kotlin 的开发商——

Kotlin 的开发商 JetBrains 在业界大名鼎鼎，很多人正在使用的 IntelliJ IDEA 就是该公司所开发。由于该公司开发的是编译器，因而它对各种编程语言有独到的研究，可以这么说，Kotlin 是一门集大成的编程语言。在 Kotlin 中，你可以看到很多其他编程语言中的优秀特性，例如 C++的构造函数继承、C#的函数扩展、Visual Basic 的 with 语法、Python 的 for 循环语法，等等。所以，如果你是其他编程语言的开发者，你一定能够在 Kotlin 中发现你曾经熟悉的语言特性，很多惊喜都在等着你！

Let's GO!

1.2 编写第一个 Hello World 程序

与其他任何教程一样，在正式介绍 Kotlin 之前，我们先通过一个 "Hello World" 程序让大家认识一下 Kotlin。程序很简单，跑完后你会发现原来是如此简单。

步骤 1：下载 IntelliJ IDEA

Kotlin 中既有 Eclipse 的插件，也有 IntelliJ IDEA 的插件。不过由于 Kotlin 和 IntelliJ IDEA 都是同一个开发商所开发（即 JetBrains），因此推荐下载 IntelliJ IDEA。下载地址如下：

https://www.jetbrains.com/idea/download/

下载之后在本地完成安装。

步骤 2：安装 Kotlin 插件

IntelliJ IDEA 安装完成之后，打开它，接着安装 Kotlin 插件。单击菜单栏 "IDEA" → "Preferences"，在打开的窗口中的搜索框里输入 "Kotlin"，并进行搜索。搜索结果通常会包含多条，选择其中带有 "Kotlin language support" 描述信息的插件，然后单击安装，如图 1-1 所示。

由于从国外站点下载资源，因此安装过程通常会比较慢，请耐心等待。

步骤 3：新建工程

Kotlin 插件安装完成之后，需要重启 IntelliJ IDEA 才会使其生效。

IntelliJ IDEA 重启之后，便可以新建 Kotlin 工程开始编写代码。

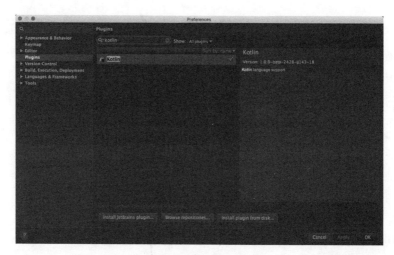

图 1-1　安装 Kotlin 插件

依次单击 IntelliJ IDEA 菜单栏的"File"→"New"→"Project"菜单项，会弹出一个工程模板选择窗口。如果 Kotlin 插件的确安装成功，则会看到其中有一个"Kotlin"选项，如图 1-2 所示。

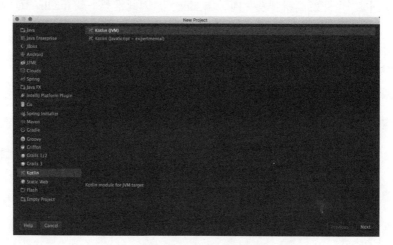

图 1-2　新建工程时选择 Kotlin 工程模板

单击左侧的"Kotlin"菜单项之后，右侧通常会出现两个选项：

- Kotlin(JVM)
- Kotlin(JavaScript - experimental)

之所以会弹出这两个选项，是因为 Kotlin 既可以兼容 Java 语言，也可以兼容 JavaScript 语言。

在这里，选择第一个选项，即 Kotlin(JVM)。

选中之后，单击 Next 按钮，进入下一步。单击之后，出现如图 1-3 所示的窗口。

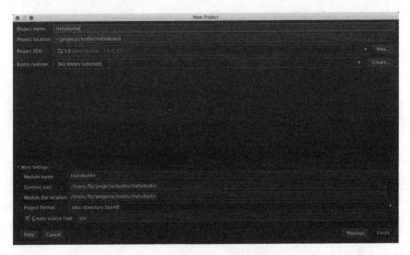

图 1-3　设置 Kotlin 工程配置窗口

在这里设置 Kotlin 工程的基本配置信息。首先需要设置的是工程所在的文件目录，这一步很简单，略过不表。

选择好工程目录并填写好工程名称（本示例所输入的工程名称是 HelloKotlin）后，接下来需要设置 JDK。

步骤 4：选择 JDK

由于本示例选择使用 Kotlin 开发基于 JVM 的程序，因此必须选择对应的 JDK（Java Development Kit）版本，当然前提是本机已经安装了 JDK。

笔者的机器上同时安装了 JDK 6 和 JDK 8，因此在图 1-4 所示的位置便会出现两个选项。这里选择 JDK 6。

步骤 5：设置 Kotlin runtime

设置完 JDK 版本后，接下来最重要的一步便是设置 Kotlin 的运行时环境。

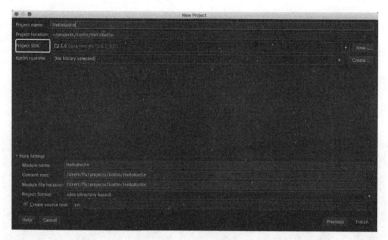

图 1-4　选择 JDK 版本

虽然 Kotlin 底层直接基于 JVM 虚拟机，但是 Kotlin 本身也有自己的核心类库。虽然 Kotlin 可以直接调用 Java 程序，但是我们编写的 Kotlin 程序一定会调用到 Kotlin 自身的核心类库，例如最基本的数据类型 Int、String 等，这都是 Kotlin 自身核心类库的内容。因此编译和运行期都离不开 Kotlin 自身核心类库的支撑，这些核心类库是 Kotlin 的运行时组件，或者运行时环境。

新建的 Kotlin 工程一开始默认是没有 Kotlin runtime 环境的，如图 1-5 所示，一开始显示"No library selected"。

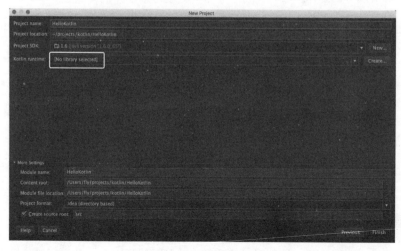

图 1-5　新建的 Kotlin 工程

此时需要单击"Kotlin runtime"后面的"Create"按钮进行设置，如图 1-6 所示。

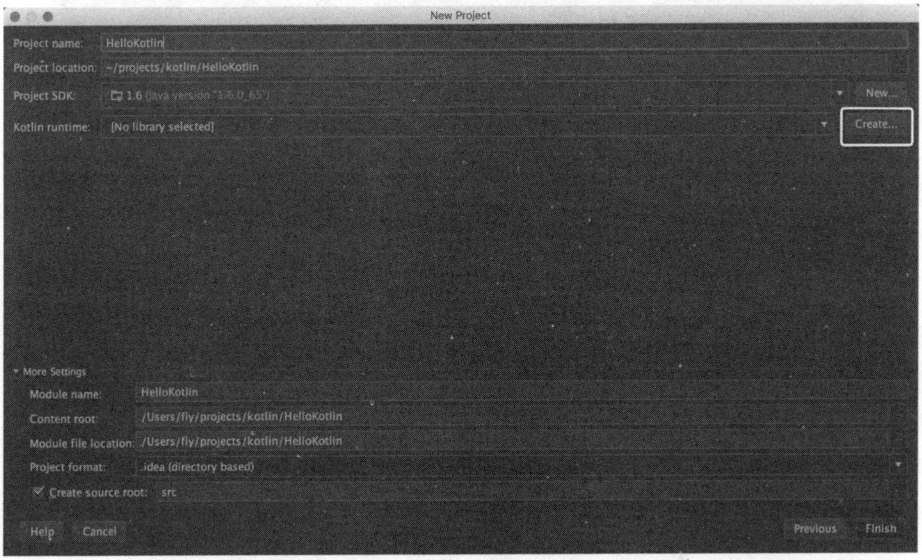

图 1-6　设置 Kotlin 运行时环境

单击"Create"按钮之后，会弹出如图 1-7 所示的窗口，在这里不要做任何改变，直接单击 OK 按钮即可。

图 1-7　设置 Kotlin 工程的运行时组件

完成 Kotlin 的运行时组件设置之后，单击"Finish"按钮，如图 1-8 所示。

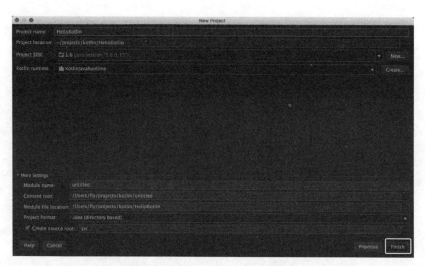

图 1-8 完成 Kotlin 工程配置

步骤 7：新建 Kotlin 源程序

完成了上面的步骤后，一个 Kotlin 工程便创建完成了。刚创建的工程如图 1-9 所示。

图 1-9 刚创建的 Kotlin 工程结构

与 Java 工程一样，Kotlin 的源代码程序文件都要放在"src"目录下。右击"src"目录，依次单击"New"→"Kotlin File/Class"，新建 Kotlin 源文件，如图 1-10 所示。

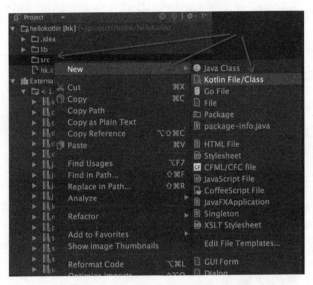

图 1-10 新建 Kotlin 源程序文件

注：在没有为 IntelliJ IDEA 安装 Kotlin 插件之前，单击"New"菜单时是没有"Kotlin File/Class"选项的。

在这里，我们为这个新建的程序文件命名为 HelloWorld。新建之后，src 目录中便增加了一个 HelloWorld.kt 文件。

在该文件中编写第一个程序。

清单：HelloWorld.kt

功能：第一个 Kotlin 程序

```kotlin
fun main(args:Array<String>){
    println("Hello World!")
}
```

与很多其他编程语言一样，Kotlin 的主函数（即程序的入口函数）也是 main()。

Kotlin 的 main()函数没有返回值，其入参类型是 Array<String>，这个类型对应 Java 中的字符串数组类型 String[]。

注：在 Kotlin 中，通过调用 println()函数向终端输出文字。相比于 Java 中的 System.out.println()函数，这个接口很简洁，有没有！

步骤 8：运行程序

在源代码区域右击并单击 "Run HelloWorldKt"，程序便运行啦。至此，我们的第一个 Kotlin 程序就完成了。很简单，有没有！

1.3 程序结构

编写完上面的示例之后，相信大家对 Kotlin 已经不那么陌生了。本节总体介绍下 Kotlin 的程序结构。

1.3.1 Kotlin 源码结构

Kotlin 的程序结构与 Java 类似，不过并不完全相同。Kotlin 并不是完全的面向对象编程语言，虽然 Kotlin 兼容 Java 的面向对象特性。这种差异导致程序结构的不同。

Kotlin 的源程序由以下几个要素组成：

- 包声明，即 package 指令。
- 导入语句，即 import 指令。
- 类定义，这里的类包括普通的类及其一切形式的变种，例如接口、枚举、抽象类等。
- 函数定义，即顶级函数。
- 变量定义，即顶级变量。

注：在 Java 中是没有顶级函数和顶级变量的，Java 是严格的面向对象编程语言，所有的变量和方法都必须被封装在类中。

1.3.2　包声明与导入

与 Java 一样，Kotlin 的源程序以包声明语句开始，当然，包声明语句也可以省略。包声明以 package 开始。可能很多人都不知道，在 Java 和 Kotlin 中，包声明的结构与源码所在的目录相对路径并不需要完全一致。例如，HelloWorld.kt 这个源文件所存放的相对目录路径是：

/com/my

但是你可以将该源程序的包路径声明为其他路径，例如：

package com.a.b

当别的程序文件引用该文件数据和指令时，需要以其实际的包声明路径为准。这是因为当程序被编译后，也会按照程序的包声明的路径生成对应的目录。

当然，程序源文件也可以没有包声明。

在其他文件中引用目标源程序文件，需要通过包声明引用。如果在一个文件中定义了一个顶级变量 a，而该文件的包声明如下：

package com.me

则在另一个文件中要想引用变量 a，需要先进行导入，即：

import com.me

不过与 Java 一样，Kotlin 中的部分核心类库可以不用导入即可使用，这些类库包括（但不限于）：

- kotlin.*
- kotlin.annotation.*
- kotlin.collections.*
- kotlin.comparisons.*
- kotlin.io.*
- kotlin.ranges.*
- kotlin.sequences.*
- kotlin.text.*

这些包在编译期会默认被导入到文件中。其实，从本质上来讲，import 语句仅仅是一个语法糖，不被编译器所解释，只有当 JVM 虚拟机加载某个类时才会根据 import 语句寻找对应的类并加载。由于 JVM 在运行期默认会预加载部分核心类库，所以并不需要对这部分类库显式声明导入语句。

由于 Kotlin 的文件结构并不完全与 Java 相同（最明显的就是在 Kotlin 中可以声明顶级变量和顶级函数），所以 Kotlin 的导入语法也会与 Java 有所不同。以下导入语法是 Kotlin 和 Java 都支持的。

- 导入一个单独的名字，如：

```
import com.util.FileUtil
```

这种语法表示导入 FileUtil 类，这样在源程序中可以直接引用 FileUtil 类。

- 导入一个作用域下的所有内容：

```
import com.util.*
```

这种语法表示导入 com.util 包下的一切对象，包括子包、类、对象等。

以下导入语法是 Kotlin 独有的：

- 导入顶级函数和属性。
- 导入对象中声明的函数和属性。
- 重命名导入的类。

可能很多 Java 开发者对于"导入对象中声明的函数和属性"这一点感到很奇怪，因为在 Java 中，在对象中怎么可以再声明函数和属性呢？但是 Kotlin 偏偏支持很多特殊的对象，它们在编译期就是对象，并且可以在其中声明函数和属性。最典型的便是伴随对象。创建一个源程序文件 A.kt，在其中声明一个类，并定义一个伴随对象，在伴随对象中定义一个变量，如下：

```
class A{

    /** 伴随对象 */
    companion object{

        //伴随对象中的变量
```

```
        var a:Int = 1

    }

}
```

在这里，companion object 其实已经不是一个类，更不是内部类，而是一个实实在在的"对象"，该机制后文会讲解。

在另一个文件中可以引用本示例中的变量 a 并能直接使用，如下：

```
import A.Companion.a

fun main(args:Array<String>){
    var b = a + 3
}
```

很神奇，有没有！

除了可以"导入对象中声明的函数和属性"这个神奇的特性之外，Kotlin 的导入语法还有一个十分贴心的小功能，那就是重命名类来消除歧义。有过 Java 开发经验的道友很可能都遇到过这样的情况：

工程同时依赖两个 jar 包，结果这两个 jar 包中有一个类名完全相同，而你的逻辑代码却需要引用该功能类。在这种情况下，你并不能同时导入这两个 jar 包的同名类，而只能通过导入语法导入其中一个类，另一个类只能在代码中写完整的前缀。或者干脆两个 jar 包都不导入，而是在源程序中都通过完整的包名类声明变量。如下例所示：

```
com.**.a.Foo fooA;
com.**.b.Foo fooB;
```

当类所在的包名很长时，这种写法看起来会降低你的食欲。

而 Kotlin 提供了一种比较好的解决方案，那就是重命名。在导入时将同名的类另外命名，从而避免在源程序中再写冗长的包名，如下：

```
import com.**.a.Foo as fooA
import com.**.b.Foo as fooB
```

```
var fooA = fooA()
var fooB = fooB()
```

1.3.3　后缀名

Kotlin 文件被编译后，生成 JVM class 字节码文件。但是与 Java 程序编译所不同的是，Kotlin 文件被编译后的文件名会发生变化。例如在 HelloWorld 的例子中，Kotlin 源文件名是 HelloWorld.kt，而编译后，就变成了 HelloWorldKt.class。而 Java 程序源码文件在被编译前后，文件名都保持不变。由此可以看出，Kotlin 源码文件被编译后，会在文件名上添加"kt"这个后缀。

关于 Kotlin 源程序结构中的其他元素，譬如类、枚举、变量、函数等，后文会一一详细介绍。

1.4　Kotlin 标准库

对于在上一节新建的 Kotlin 项目 HelloWorld，从其 IntelliJ IDEA 的 "project" 视图中可以看到 Kotlin 的核心标准库，即如图 1-11 所示的 "lib" 目录。

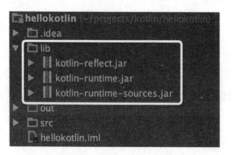

图 1-11　Kotlin 的标准库

当你为 IntelliJ IDEA 下载 Kotlin 插件时，Kotlin 的核心类库也一同被下载。从图 1-11 可以看出，Kotlin 的核心类库包含以下两个包：

- kotlin-reflect.jar
- kotlin-runtime.jar

对于 runtime.jar，Kotlin 插件会连同其源码一起被下载，其结构如图 1-12 所示。

图 1-12　Kotiln 核心类库源码结构

通过图 1-12 可知，Kotlin 的核心类库主要包括如下几块：

- 注解
- 容器
- 并发
- 枚举
- 文件操作
- 反射
- 数学运算
- 常用工具类

在日常开发中会经常使用这些类库。不过除了这些核心类库外，Kotlin 还有一个 jar 包，该包提供了 Kotlin 基本的类型定义，例如 Int、Short 等，这个 jar 包便是 kotlin-plugin.jar。只是这个 jar 包不会在 IntelliJ IDEA 的 Project 视图中显示出来，例如，你从图 1-12 中并不能看到这个类库。

其实，kotlin-runtime.jar、kotlin-reflect.jar 和 kotlin-plugin.jar 都在下载 Kotlin 插件

时被一起下载，并且被存放在相同的位置。如果你是在 Mac 机器上开发，则这 3 个 jar 包会被下载到如下位置：

```
/Applications/IntelliJ IDEA 15.app/Contents/plugins/Kotlin/lib
```

其中，IntelliJ IDEA 所有的插件都会存放在如下位置：

```
/Applications/IntelliJ IDEA 15.app/Contents/plugins
```

这个目录下不仅有 Kotlin 的插件，而且还有其他插件，例如：

- Tomcat
- Jetty
- Java
- Maven
- Groovy

kotlin-runtime.jar 与 kotlin-plugin.jar 这两个包有较大区别。区别主要体现在以下两个方面（根据笔者个人研究）。

1．编译差异

kotlin-runtime.jar 作为 Kotlin 运行时组件，当 Kotlin 程序被打包编译后，kotlin-runtime.jar 也会一起被编译进目标程序包。而 kotlin-plugin.jar 则不会被编译进目标程序包。

2．功能差异

kotlin-runtime.jar 虽然是 Kotlin 运行时必不可少的组件，但是该 jar 包中的大部分类都是对 Java 类库的封装（这一点在后文讲解 I/O 等机制时会详细说明），该组件其实是对 JDK 的二次封装，在 JDK 的基础上，再次抽象出一些简单易用的接口方法。例如在程序中使用频率很高的终端打印接口 println()，便被封装在这个组件库中。

而 kotlin-plugin.jar 则如同其名称表示的，仅仅提供一个类似"插件"的功能——里面都是接口，并没有实现。例如在 Kotlin 中使用频率很高的基本类型 Int 便被定义在这个组件库中，不妨简单看下其源码实现。

清单：kotlin-plugin.jar/kotlin/Primitives.kt

功能：kotlin.Int 源码

```
public class Int private () : Number, Comparable<Int> {
    companion object : IntegerConstants<Int> {}


    /** Adds the other value to this value. */
    public operator fun plus(other: Byte): Int
    /** Adds the other value to this value. */
    public operator fun plus(other: Short): Int
    /** Adds the other value to this value. */
    public operator fun plus(other: Int): Int
    /** Adds the other value to this value. */
    public operator fun plus(other: Long): Long
    /** Adds the other value to this value. */
    public operator fun plus(other: Float): Float
    /** Adds the other value to this value. */
    public operator fun plus(other: Double): Double

    /** Subtracts the other value from this value. */
    public operator fun minus(other: Byte): Int
    /** Subtracts the other value from this value. */
    public operator fun minus(other: Short): Int
    /** Subtracts the other value from this value. */
    public operator fun minus(other: Int): Int
    /** Subtracts the other value from this value. */
    public operator fun minus(other: Long): Long
    /** Subtracts the other value from this value. */
    public operator fun minus(other: Float): Float
    /** Subtracts the other value from this value. */
    public operator fun minus(other: Double): Double

    //......
}
```

注：Kotlin 的其他数值型基本类型，如 Long、Byte、Short、Double、Float 等，也全都被定义在同样的文件 Primitives.kt 中。

可以看到，所有方法都没有实现。同时，这个类所继承的 Number 和 Comparable

这两个父类中的所有方法，也都没有方法实现。

既然这些方法都没有实现，Kotlin 又没有自己的一套虚拟机，那么这些方法最终怎样执行呢？答案就在编译器。是的，编译器负责对这些方法进行解释和转义，将这些方法最终翻译成对应的 Java 字节码逻辑，并调用对应的 Java 核心类库中的功能函数来实现这些方法。

由于 kotlin-plugin.jar 由编译器负责解释，因此该 jar 包最终并不会被编译进目标程序中，所以在 Kotlin 程序的运行期，完全没有该包什么事情。

这便是 kotlin-runtime.jar 和 kotlin-plugin.jar 两个包的最大区别。

2

基本语法

2.1 基本类型

Kotlin 的基本类型主要包括以下 4 大类：

- 数字
- 字符
- 布尔
- 数组

看起来与 Java 差不多，但是有一个最根本的区别：Kotlin 中的基本类型也都是面向对象的，而 Java 中的基本类型还区分为包装类型和原始类型。例如整型变量，Java 可以有两种声明方式：

```
int a = 3;
Integer a = 3;
```

第一种就是原始类型，这种类型并没有对应的类型定义；而第二种就是包装类型，Java 中有对应的 Integer 类。Kotlin 则没有这种所谓的包装类型与非包装类型，Kotlin 中直接就是包装类型。所以从这个角度来说，Kotlin 相比 Java，面向对象更加彻底。

2.1.1 数字

Kotlin 对数字的处理与 Java 类似，但是也有很大差异。

Kotlin 官方号称 Kotlin 全面兼容 Java，并且在 Kotlin 中可以直接实例化一个 Java 类，例如，在 Kotlin 中实例化一个 java.lang.HashMap：

```
import java.util.HashMap

fun main(args:Array<String>){
    var map = HashMap<String, String>()
}
```

然而对于数字类型，Kotlin 却不兼容 Java 中的类型。例如，你不能这样在 Kotlin 中声明和初始化一个 Java 中的整型类型：

```
var a : Integer = Integer(3)
```

同样，在 Kotlin 中，不能声明 Java 中其他的基本数字类型，例如：

```
var b : Long = Long()
```

之所以会这样，是因为 Kotlin 有自己的一套基本类型，并且有重名的类，例如，Kotlin 的长整型类型为 Long，这与 Java 的长整型类型名称相同。

Kotlin 一共提供了 6 种类型，用于支持数学运算。这 6 种类型的名称及其在内存中所占的位数如表 2-1 所示。

表 2-1　6 种基本数据类型

Type	Bit width
Double	64
Float	32
Long	64
Int	32
Short	16
Byte	8

注意，在 Java 中，有字符类型 char，由于在计算机中，任何字符都有唯一的一个二进制数与其对应，所以字符类型可以直接转换为数字，例如：

```
char c = 'a';
int a = c;
```

但是在 Kotlin 中，不能执行这种转换。如下例所示：

```
var c = 'a'
var a = c as Int
```

虽然上面的写法在编译期不会报错（因为进行了类型强制转换），但是运行期会抛出异常：

```
java.lang.ClassCastException: java.lang.Character cannot be cast
to java.lang.Integer
```

1. 字面常量

字面常量就是直接在源程序中写一个数字，编译器在进行文法分析时，会识别这种数字符号。为了节省计算机存储空间，Kotlin 定义了不同的数字类型（上面所列出来的 6 种）。

但是如果你随便写一个数字，计算机有的时候并不能准确识别你的意图。例如下面这个数字：

```
101101
```

这个既可以被看成一个整数，也可以被看成一个整数的二进制表示，所以对于这个数字就会存在歧义。如果你这样定义一个整数：

```
var a : Int = 101101
```

编译器在进行文法分析时，到底认为这是一个普通的整数，还是一个整数的二进制表示呢？不管哪一种都是正确的。所以为了消除歧义，通常的做法就是在数字后面添加标识符，辅助标识一串数字的正确含义。

Kotlin 所支持的数字标识符包括如下几种：

- 普通十进制

不需要添加任何标识符，例如 123。

- Long 类型

用大写 L 标记，例如 123L。

- 十六进制

使用 0x 开头，例如 0x0F。

- 二进制

使用 0b 开头，例如 0b101101。

注：不支持八进制。

- 浮点类型

默认为 double：123.1、123.1e10。

- Float 类型

用 f 或者 F 标记，例如 123.1f。

2. 显式转换

在 Java 中，不同的数字类型之间可以进行合理的转换，例如 short 类型可以被自然地转换为 int 类型，int 类型可以被自然地转换为 long 类型。这是因为 int 类型在内存中所占的空间比 short 类型大，所以 short 类型转换为 int 类型不会有问题，int 类型转换为宽度更大的 long 类型也不会有问题。但是反之就会有问题。下面是 Java 中的类型转换示例：

```
int x = 3;
long y = x;
```

这里将 int 类型的值直接赋给 long 类型的变量，并不需要强制转换。但是反过来就必须强制转换：

```
long x = 3L;
int y = (int)x;
```

但是在 Kotlin 中，不管是哪两种数字类型之间的转换，都不被允许。例如下面的示例演示了 Kotlin 中进行强制转换的情况：

```
var a:Int = 3
var b:Long = a as Long
```

虽然编译能够检查通过，但是运行期会抛出异常。因此在 Kotlin 中开发数字运算的逻辑，需要特别注意这类小问题，因为这些问题在编译期看起来似乎毫无问题。

虽然 Kotlin 并不支持数字类型的暴力转换，但是却提供了另一种更加优雅的方式，例如每一种数字类型都支持以下方法：

- toByte(): Byte
- toShort(): Short
- toInt(): Int
- toLong(): Long
- toFloat(): Float
- toDouble(): Double
- toChar(): Char

有了这些接口，你可以进行任意两种数字类型之间的转换。例如可以这样：

```
var a:Int = 3
var b:Long = a.toLong()
```

2.1.2　字符串

Kotiln 中的字符串使用 String 类型表示，不过这种类型也是 Kotlin 内置的类型，并不是 Java 中的字符串类型。

与 Java 中的字符串一样，Kotlin 的字符串也是不可变的——不能被继承，值不能被修改。因此在对字符串执行拼接操作时需要考虑性能问题。

在 Kotlin 中，关于字符串有一个很贴心的功能，那就是模板表达式。

字符串可以包含模板表达式，即一些小段代码，会求值并把结果合并到字符串中。模板表达式以美元符（$）开头，由一个简单的名字构成：

```
val i = 3
val s = "i = $i"
```

运算结果为:

"i = 3"

当然,美元符号后面如果接着使用花括号,那么可以在花括号里编写任意表达式,如下所示:

```
val i = 3
val s = "i = ${i + 5}"
println("$s")
```

运算结果为: i = 8

字符串模板为日志打印等场景提供了非常好的语法支持。

2.2　变量与常量

Kotlin 不是完全的面向对象封装的编程语言, 其变量可以定义在以下几个地方:

- 源程序文件中
- 类型内部
- 函数内部

这种风格与 C++的变量很类似,既支持顶级的变量定义,也支持类型中的属性定义,以及函数内部的局部变量定义。这种变量定义其实突破了类型的限制,使得全局变量不必被打上类型的标签。

2.2.1　常量

在说变量之前, 首先说说 Kotlin 所支持的一种特殊的类型——常量。所谓常量,就是其值不能在运行期被修改的变量。在 Kotlin 中声明一个常量很简单, 使用 val 关键字即可, 如下所示:

```
val a : Int = 3
```

使用 val 声明的变量值无法被修改。如果你尝试进行如下操作,编译器会阻止你:

```
val a : Int = 3
a = 5
```

Kotlin 的这种常量设计机制相比 Java，确实方便了很多。为了对比，这里总结了 Java 中声明常量的几种方式：

- 方法一，使用接口。在 interface 中所声明的变量默认都是 static final 类型。
- 方法二，采用 Java 5.0 中引入的 Enum 类型。
- 方法三，在普通类中，使用 static final 这两个关键字进行修饰。
- 方法四，类似方法三，但是通过函数来获取常量。

并非加了 val 关键字的变量才会被 Kotlin 视为常量，Kotlin 还有一类隐式的常量，那就是函数入参。在 Kotlin 中，所有的函数入参都是 val 类型的，因此你在函数内部，无法对入参进行任何赋值操作，例如：

```
fun add(a : Int){
    a = a + 3
}
```

对于这种对函数入参进行修改的操作，编译器会报错。至于函数入参为何会被强制设置为 val 类型，在后文会讲解，总的来说，是为了突出"按值传递"的机制。

2.2.2 属性包装

Kotlin 相比于 Java 的一个重大改进就是对属性的自动封装。有过 Java 开发经验的道友们都知道，Java 类的成员变量是不能直接对外暴露的，而是应该通过 get/set 方法对外提供读写接口。以银行的 ATM 机为例，ATM 机可以实现存款与取款，如果使用 Java 来写，则可以写成这样：

清单：/ATM.java

功能：演示 Java 类对属性的封装

```
class ATM{
  private Integer money;//金额

  //存款
  public void setMoney(Integer money){
    this.money = money;
```

```
      }
      //取款
      public Integer getMoney(){
        return this.money;
      }

      public static void main(String[] args){
        ATM atm = new ATM();
        atm.setMoney(1000);//存款
        atm.getMoney();//取款
      }
    }
```

如果 ATM 还有其他属性，则每一个属性都必须提供相应的 get/set 方法。假设 ATM 共有 20 个属性，则必须提供 20 个 get()方法和 20 个 set()方法，这带来了一定的开发成本，虽然现代智能 IDE 能够通过快捷键一键生成所有属性的 get/set 方法。但是这仍然没有完全消除成本，因为如果增加或者删除一个属性，或者对一个已经声明的属性重命名，都需要修改对应的 get/set 方法。

而在 Kotlin 中，这个问题得到了"根治"。在 Kotlin 中，属性不再需要显式定义 get/set 方法，同时属性对外仍然通过 get/set 接口进行访问，而巧妙的是，get/set 方法不需要开发者显式定义，编译器会帮你自动完成这个工作。上面这个使用 Java 语言实现的 ATM 类，在 Kotlin 中可以简化成这样。

清单：ATM.kotlin

功能：演示 Kotlin 对属性的封装

```
var money : Int = 0
fun main(args: Array<String>){
    money = 5;//存款
    print("money=$money\n")
}
```

相同的逻辑，在 Kotlin 中，开发者需要编写的代码简化为一行，只需要通过"var money : Int = 0"定义一个属性即可，不再需要编写 get/set 方法。

但是，如果在写入属性时，希望进行一些逻辑处理，例如在本例中，在 ATM 机器上所存入的金额不能为负数，Kotlin 对此也提供了入口，如下：

清单：/ATM.kotlin

功能：演示 Kotlin 属性的 get/set 方法

```kotlin
var money : Int = 0
set(value) {
    if(value < 0){
        println("金额不能为负数")
        return
    }
    field = value
}

fun main(args: Array<String>){
    money = -5;//存款
    print("money=$money\n")
}
```

在本例中，为属性 money 增加了 set()方法，在 set()方法内部，对输入金额进行判断，如果输入金额为负数，则程序直接返回。在 main()函数中，对 money 属性赋值，但是写入的是一个负数。

运行这段程序，输出如下：

```
金额不能为负数
money=0
```

通过这个示例可知：Kotlin 中对全局变量的写操作，其实是通过调用对应的 set()接口来实现的。但是作为开发者，在调用时，不需要显式调用 set 方法实现写操作。这种语法特性所带来的便利还是非常立竿见影的。

同样，在 Kotlin 中对于全局变量的读操作，Kotlin 也会自动包装。但是如果想在读取时进行一些逻辑处理，则需要显式声明 get()方法。

清单：/ATM.kotlin

功能：演示 Kotlin 属性的 get 接口

```kotlin
var money : Int = 0
get() {
    if(field > 5000){
```

```
        println("超过您的余额")
        return 0
    }
    return field
}
set(value) {
    if(value < 0){
        println("金额不能为负数")
        return
    }
    field = value
}

fun main(args: Array<String>){
    money = 5600;//存款
    print("money=$money\n")
}
```

在这个示例程序中，显式声明了 money 属性的 get()方法，并在里面增加了一个逻辑：如果金额超过 5000，则限制取款。

运行上面这段程序，输出如下：

超过您的金额
money=0

通过结果输出可以验证，Kotlin 在访问属性时，的确调用了 get()接口。如果人工没有显式定义，则编译器会自动生成一个。

通过上面两个示例可以得出如下结论：

- 在 Kotlin 中，如果一个属性没有特殊的 get/set 逻辑需要处理，则不需要显式编写 get/set 方法。
- 如果属性的 get/set 方法内部有特殊的逻辑需要处理，则需要通过 get(){}或者 set(value){}这样的语法范式来显式定义 get/set 方法。

可以看出，即使在 Kotlin 中需要专门开发 get/set 方法，也不需要像 Java 那样，定义一个包含很多声明的函数，例如 "public void set(Integer i){}"，Kotlin 不需要这么麻烦，直接简化成 "set(value){}" 这种写法，多么省事！这便是 Kotlin 这门编程语言用心做好细节的最好体现。

其实，Kotlin 的这种特性与 C#中的 getter/setter 属性包装器十分类似，Kotlin 有可能借鉴了 C#的这种语法设计（纯属笔者猜测，若与事实不符，请纠正^_^。事实上，在 Kotlin 中，可以看到很多其他编程语言的影子，真不愧是博采众家之长）。下面的例子演示了在 C#中如何包装属性和使用属性。

清单：/ATM.cs

功能：演示 C#语言中属性的 getter/setter 包装器

```csharp
using System;

public class ATM
{
    private int money;
//属性包装器
    public int Money{
        get{
            if(money > 5000){
                Console.WriteLine("取款金额不能超过 5000");
                return 0;
            }
            return money;
        }
        set{
            if(value<0){
                Console.WriteLine("存款金额不能为负");
                return;
            }
            money = value;
        }
    }
  public static void Main()
  {
    ATM atm = new ATM();
    atm.Money = 5500;//存款
    Console.WriteLine(atm.Money);//取款
  }
}
```

本例使用 C#演示了一个 ATM 机器的属性包装。在本例中，使用"public int Money{get{} set{}}"这种结构来对 money 私有属性进行包装，事实上，这也是 C# 对属性包装所提供的一种特定语法糖。不过，可以很明显地看出，C#所提供的这种语法特性，与 Java 类似，都一样烦琐，仍然需要定义一个类似于函数的东西，终究比不上 Kotlin 的简单语法。

2.3 函数

2.3.1 函数声明

Kotlin 中的函数使用 fun 关键字声明，如下所示：

```kotlin
fun add(a: Int, b: Int): Int {
    return a + b
}
```

注：函数的返回值类型与 Java 的声明方式不同，Kotlin 的函数返回值跟在其入参列表后面、函数体开始之前，如上面例子所示。

如果 Kotlin 的函数没有返回值，则可以不声明返回值，不需要像 Java 那样使用 void 关键字代替，如下：

```kotlin
fun print(a: Int) {
    println(a)
}
```

在 Java 中，函数声明并不需要使用 fun 或者其他关键字。说到底，还是因为 Kotlin 并不是一个完全的面向对象的编程语言，在 Kotlin 中，并不是所有的元素都必须被封装在类型中，因此如果没有 fun 关键字，编译器无法确定你所声明的是不是函数。

1. 单表达式

虽然 Kotlin 的函数声明稍显烦琐，但是 Kotlin 依然在"简化"方面下足了功夫——单表达式。当函数返回单个表达式时，可以省略花括号并且在" = "符号之后指定代码体，如下所示：

```
fun add(a: Int, b: Int): Int = a + b
```

这个函数相当于：

```
fun add(a: Int, b: Int): Int {
    return a + b
}
```

相比之下，单表达式显得特别简单。

同时，当返回值类型可由编译器推断时，返回类型的显式声明是可选的，如下所示：

```
fun add(a: Int, b: Int) = a + b
```

在这里省略了函数的返回值类型声明。

2. 返回值类型

与其他编程语言一样，Kotlin 允许函数没有返回值，但是 Kotlin 中函数的返回值比较特殊，当函数没有返回值时，其实编译器会为函数添加一个默认的返回值，其类型是 kotlin.Unit。在安装了 Kotlin 插件的 IntelliJ IDEA 中可以查看该类的源码，其定义如下。

清单：kotlin.Unit

功能：Kotlin 返回值类型

```
public object Unit {
    override fun toString() = "kotlin.Unit"
}
```

在 Kotlin 中声明一个类型，使用关键字 class，但是在 Kotlin 中声明 Unit 这个类型时，使用 "object" 这个关键字。注意：这个关键字与 Java 中的 java.lang.Object 类型并没有任何关系。在 Kotlin 中使用 object 关键字其实与使用 class 关键字类似，都是在声明一个类型，只不过使用 object 关键字的时候，其作用是声明一个单例模式的类型。关于单例模式，后文会专门讲解。

由于没有返回值的函数，统一返回 kotlin.Unit 这个对象，因此其实它们是有返回值的。所以如果你不小心将一个原本没有返回值的函数作为其他函数的入参或者赋值给其他变量，编译期间往往不会报什么异常，直到运行期才会抛出异常。所以这里也是一个埋坑点。

不过 Unit 类型为接口实现提供了方便。假设有一个接口定义了若干接口方法，但是子类只需要实现其中某几个接口方法，这时其他不需要实现的方法也必须实现（如果子类不是抽象类），在 Java 中，对于这些不想实现的方法，你必须将其实现为空方法，如下：

```
@override
public void foo(){}
```

而在 Kotlin 中，由于有了 Unit 类型，所以对于这些不想实现的接口方法，可以像这样来实现：

```
override fun foo() = Unit
```

这种实现方式看起来是不是更优雅！

3. 函数类型

相比于 Java，Kotlin 中的函数类型非常丰富，总的来说包含如下几类函数：

（1）顶级函数

顶级函数就是直接声明在源程序文件中的函数，而不是被封装在类型内部。顶级函数可以与类型声明平级，如下所示：

```
class Animal{
override fun toString() = "animal"
}

/** 顶级函数，与类型声明平级 */
fun eat(animal: Animal){
println("animal eat")
}
```

顶级函数能够更加方便地封装工具方法或公共接口，并且这些工具方法和公共接口不需要与某种类进行特定绑定。

（2）类成员函数

类成员函数就是被声明在类型内部的函数，这也是 Java 语言中唯一一种函数。如下所示：

```
class Animal{

/** 类成员函数 */
fun eat(){
    println("animal eat")
}


}
```

Kotlin 中的类成员函数默认是 public final 类型，如果希望其能够被继承重写，可以在函数声明之前添加关键字 open。

> 注：Kotlin 中的类成员函数无法被声明成 static 类型。

（3）对象函数

对象函数即被声明在对象中的函数，例如伴随对象、单例对象等。下面的示例在单例对象中声明了一个函数：

```
public object Animal{

/** 单例对象中的函数 */
fun eat(){
    println("animal eat")
}


}
```

关于单例对象、伴随对象会在后文详细讲解。

（4）本地函数

本地函数是一类特殊的函数，这类函数被声明在其他函数内部。如下所示：

```
public object Animal{

    fun eat(){
```

```
        println("animal eat")

        /** 该函数被声明在另一个函数内部 */
        fun bolt(){
            println("animal bolt")
        }

        /** 可以直接在声明之后调用 */
        bolt()
    }


}
```

有过 JavaScript 编码经验的道友可能对此不陌生，因为在 JavaScript 中，这种函数声明方式非常普遍。JavaScript 通过声明内部函数来实现其重要的特性——闭包。作为博采众家编程语言之长的 Kotlin，自然不会放过这种特性。当然，Kotlin 并不是为了集成闭包的特性而特意实现这种机制，而是因为 Kotlin 想要实现其全面兼容 JavaScript 的目标。

- 高阶函数
- 内联函数
- 扩展函数
- 匿名函数

4. 函数入参

Java 方法支持不定长参数列表，这为实现很多功能提供了极大的便利，例如常见的打印功能，究竟需要传递几个入参，往往需要根据具体的场景来决定。在 Java 中声明不定长参数列表的方式是使用 3 个点号，例如：

```
public static void println(String ... msg){
    for(int i = 0; i < msg.length; i++){
        Sys
    }
}

fun main(args:Array<String>){

    val a : Int = 3
```

```
    add(a, 1,2)

}

fun add(vararg t : Int){
    println("t.size=${t.size}")
    if(t.size > 0){
        var sum : Int = 0
        for(num in t){
            sum = sum + num
        }

        println("sum=$sum")
    }
}
//也可以包含多个参数，其中一个是不定长参数
fun add(a: Int, vararg t : Int){
    println("t.size=${t.size}")
    if(t.size > 0){
        var sum : Int = 0
        for(num in t){
            sum = sum + num
        }

        println("sum=$sum")
    }
}
```

不定长参数列表的原理：入栈时就会确定真实的参数数量，这里的入栈是指在 JVM 层面的运行期压栈，JVM 虚拟机会计算调用者所传递的真实的参数数量。关于这一点这里不深入展开。

2.3.2　闭包

在 Kotlin 中可以定义"局部函数"——在函数内部定义函数，闭包便是建立在这种函数的基础之上的函数。

1. 闭包的概念

很多专业文献中的"闭包"（closure）的定义往往都很学术化，都比较难以理解。

咱务实一点，在 Kotlin 和 JavaScript 中，闭包说白了，其实就是局部函数，局部函数可以读取其他函数内部的数据。例如下面的示例：

```kotlin
class Closure{
    var count: Int = 0

    fun foo(){
        var a = 1

        /** 闭包 */
        fun local(){
            a++
            count++

            /** 局部函数可以访问外部宿主的资源 */
            println("a=$a, count=$count")
        }
    }
}
```

在该示例中声明了一个局部函数，这其实便是一个闭包。在局部函数内，可以访问宿主函数和类内部的资源，这些资源包括数据和函数。

那么为何会将本地函数（即函数中的函数）称为闭包呢？这要从 JavaScript 说起（你也可以从其他编程语言说起）。JavaScript 并不是一个面向对象的编程语言，但是为了达到面向对象的效果（至少看起来像），所以 JavaScript 便设计了闭包的概念，用来对函数内部的数据进行持久化（仅限于内存级别）。众所周知，对于一个函数，当开始调用它时，系统会为其分配堆栈空间，并初始化函数内部的局部数据；而当调用结束时，函数内的局部数据会随着堆栈的销毁而被清空。JavaScript 是面向过程的，其可以模拟出面向对象的构造函数，但是当函数调用完成之后，其内部的数据便消失了，这样就无法达到数据封装的效果。因此，通过在模拟出的构造函数内部定义本地函数，通过让子函数持有对构造函数内部数据的访问，便能实现构造函数内部数据一直驻留于内存的效果。下面是一段 JavaScript 脚本：

```javascript
<script type="text/javascript">
function Animal(){
    var name = "default";
```

```
    return {
        getName : function(){
            return name;
        },
        setName : function(newName){
            name = newName;
        }
    }
};


var dog = Animal();
dog.setName("dog");
alert(dog.getName());

var cat = Animal();
cat.setName("cat");
alert(cat.getName());
</script>
```

在该脚本中，定义了一个函数 Animal()，在其内部定义了两个本地函数 getName()和 setName()。当使用 var dog=Animal()调用 Animal()时，这种语法看起来与 Java 中调用类的构造函数十分类似，只不过在 Java 中调用构造函数时需要在构造函数之前添加关键字 new。由于 Animal()函数返回的其实还是函数，即本地函数，同时由于本地函数持有了对 Animal()这个宿主函数内部数据 name 变量的访问，因此虽然外部调用并执行完 Animal()函数，但是该函数内部的 name 属性并不会被清空，而是会继续驻留在内存中，并且可以被本地函数修改。JavaScript 通过这种方式完成了面向对象的文法模拟。当然，闭包的用途并不仅仅限于此，还有其他用途，例如进行缓存设计以提高系统性能等。但是，无论是使用本地函数模拟面向对象语言文法，还是用来进行缓存，抑或是其他用途，都是基于局部函数能够一直持有对宿主函数内部数据的访问这一特性。而更重要的是，闭包非但可以一直持有数据，还能让外部访问这部分数据，这就突破了传统意义上函数的概念——函数内的数据随着堆栈销毁而被销毁。这正是闭包的关键作用。后面会讲 Kotlin 如何访问函数内部的局部数据。

2. 闭包的作用域与返回

局部函数可以访问到其宿主函数和类内部的资源——数据和函数，但是反过来就不行。将上面的示例加以改造，变成如下这样：

```kotlin
class Closure{
    var count: Int = 0

    fun foo(){
        var a = 1

        /** 闭包 */
        fun local(){
            var c: Int = 0

            a++
            count++

            /** 局部函数可以访问外部宿主的资源 */
            println("a=$a, count=$count")
        }

        /** 在外部访问不了闭包内的资源 */
        println(c)
    }
}
```

本示例在闭包内定义了一个局部变量 c，但是宿主函数 foo() 在试图访问闭包内的资源时，编译器就会报错阻止。由于闭包本身就是个函数，所以其作用域自然与函数保持一致，一旦程序出了函数的作用域，函数内部数据就再也访问不到了，除非——使用闭包。对于本示例，在 foo() 函数外部访问不到 local() 函数内部的数据，同样，在 foo() 函数外部也访问不到 foo() 函数内部的数据，例如变量 count。但是，有了闭包，让这一切成为可能。下面的示例演示了闭包的返回和使用。

清单：Closure.kt

功能：闭包的返回和使用

```kotlin
class Closure{
    var count: Int = 0

    fun foo():()->Unit{
        var a = 1
```

```
/** 声明一个局部函数 */
fun local(){
    a++
    count++
    println("a=$a, count=$count")
}

/**
 * 返回闭包
 * 注意 foo()函数的返回值类型是()->Unit,
 * 这代表返回一个函数
 */
var b = ::local
return b
    }

}
```

本示例在 foo()函数内部定义了一个局部函数 local()，注意 foo()函数的返回值，其类型是()->Unit，这表示 foo()函数返回的是一个函数类型，该函数没有入参，并且没有返回值（Unit 在 Kotlin 中类似 Java 中的 void 类型）。这里的局部函数 local()构成一个闭包，其持有对其宿主函数 foo()内部变量 count 的读写操作。foo()函数最终返回了 local()函数（这里通过 var b=::local 拿到了 local()函数的指针，在下文讲解 lambda 表达式时会详细说明这种方式），从外部调用 foo()函数，就能够得到 local()函数，并通过该函数操作 foo()函数内部的局部变量。使用方式如下：

```
fun main(args:Array<String>){

    var closure = Closure()
    var local = closure.foo()
    local()

}
```

这里将 foo()函数执行结果返回给变量 local，最终通过 local()这种形式实现对 foo()函数内部 local()函数的调用。运行该测试程序，输出如下：

```
a=2, count=1
```

可以看到，当 foo()函数已经执行完毕后，通过其内部函数 local()，仍然可以继续读写 foo()函数内部的变量。将上面的测试示例改成如下所示：

```
fun main(args:Array<String>){

    var closure = Closure()
    var local = closure.foo()
    local()
    local()
    local()
    local()

}
```

现在在执行完 foo()函数之后，多次执行 local()，每一次都能继续读写 foo()内部的变量 count，由此可见，虽然 foo()函数执行完了，但是其内部的数据却一直驻留在内存中。本测试程序的输出结果如下：

```
a=2, count=1
a=3, count=2
a=4, count=3
a=5, count=4
```

各位道友可以借此示例体验闭包的神奇之处。

2.3.3　lambda 表达式

所谓 lambda 表达式，其实就是个匿名函数。关于 lambda 表达式，很多参考资料往往仅注重其文法形式，而忽略了其本质，从而使人们在其丰富多彩的语法面前晕头转向。相信你读完本章，会对 lambda 表达式有一个清晰的认识，再也不用惧怕其千奇百怪的"面貌"了。在面向对象的编程世界里，其实 lambda 表达式就是"函数类型"这种特殊类型的变量的实例化写法。

匿名函数主要用在下面两种地方：

- 函数入参
- 函数返回值

其实有过 C 或者 C++编程经验的道友对此都不太感冒，在 C 和 C++中是可以将一个函数指针作为入参传递给另一个函数的,或者一个函数的返回值就是一个函数指针类型。到了高级编程语言里,由于没有了所谓的指针概念,因此为了模拟这种效果,便出现了匿名函数。在高级编程语言里,诸如 C#、Java 8 这样的面向对象语言,由于一切都是对象,因此匿名函数也不例外,匿名函数被实现为一种特殊的类型(因为没法使用指针表示),既然是一种类型,就可以定义该类型的变量作为入参传递给函数,一个函数也可以返回这种特殊的类型。

1. 函数类型

Kotlin 也是面向对象的编程语言,其匿名函数也被实现为一种特殊的类型。为这种特殊的类型声明变量的方式别具一格,使用如下格式:

```
var variable : (argType [, ...]) -> returnType
```

这种格式乍一看挺复杂,其实与普通类型的变量声明并无两样。下面声明了一个 Int 类型的变量:

```
var int : Int
```

将这两种声明形式进行对比,其实本质上都一样,唯一不同的是变量类型。对于函数类型的变量,其类型与普通类型并不一样,普通类型直接使用一个单词即可表达,而函数类型则需要通过如下形式表达:

```
(argType [, ...]) -> returnType
```

整个变量类型被"->"符号所分隔,左边使用圆括号声明函数需要的入参类型,右边则是该函数的返回值类型。

按照这种形式,假设有一种函数对入参进行求和,则该函数类型可以这样声明:

```
var addFun : (Int, Int) -> Int
```

这种函数可以指向下面的函数定义:

```
fun add(a: Int, b: Int): Int{
return a + b
}
```

同理,如果一种函数没有入参,则可以声明成如下这种形式:

```
var noParamFun : () -> Int
```

可以看到，没有入参的函数类型，其圆括号里为空。

那么如果一种函数没有返回值，又该如何声明呢？也很简单，如下：

```
var noReturnFun : () -> Unit
```

将其返回值类型声明成 kotlin.Unit 即可。

通过本小节的讲解，可以看出，函数类型果然是一种特殊的类型，该类型与普通类型的区别体现在以下几个方面：

- 函数类型名称与普通的类型名称不一样，普通类型名称直接使用一个单词即可表达，而函数类型名称则需要通过 "(Type [, ...]) -> returnType" 这种形式表达。

- 函数类型不需要开发者预定义，而普通类型，只要不是 Kotlin 核心类库中已有的类型，就需要开发者自己定义，然后才能声明其对应的变量。例如你想定义一个"动物"类型的变量，你必须先通过 "public class Animal(){}" 这种形式定义一个叫"Animal"的类型，然后才能通过"var animal : Animal"这种形式声明其对应的变量。而函数类型并不需要这样的预定义。

- 还有一个最大的区别，即类型实例化文法。普通类型的实例化，直接通过其构造函数完成，而函数类型的实例化却与众不同，通过所谓的 "lambda" 文法完成。从这个角度来看，lambda 表达式其实就是一种遵循一定规则的变量赋值写法

- 当然，变量的使用方式也不同。普通类型的变量主要用于读写，而函数类型的变量则需要调用。

2. 函数类型实例化与 lambda 表达式

上一小节讲过，函数类型与普通类型有很多区别，其中最大的一个区别就是实例化的文法不同。普通的变量，直接调用构造函数便能完成实例化，而函数类型则需要借助于 lambda 表达式才能完成实例化。

先看一个示例：

```
var addFun : (Int, Int) -> Int = {a, b -> a + b}
```

本示例声明了一个函数类型变量，并对其进行了实例化。

由该示例可知，函数类型的实例化的文法形式如下：

```
{arg1 [, arg2, ...] -> block}
```

函数类型实例化的文法必须被花括号{}所包围，里面也主要分为两部分，这两部分被分隔符"->"所分隔：

- 入参名称列表
- 函数体

其中，入参名称列表中的参数数量必须与函数类型中的入参数量相同。

在上面的示例中，函数体只有一行，就是"a + b"，如果有多行，则使用"run {}"这种块表达方式，例如：

```
{arg1 [, arg2, ...] ->
run{
    block
}
}
```

下面实例化了一个具有多行表达式的函数类型：

```
var subFun : (Int, Int) -> Int =
{a, b ->
run{
    if(a > b)
        a - b
    else
        b - a
}
}
```

3. 函数类型返回

函数类型实例化的函数体内部，不能使用 return 关键字进行返回。例如上面示例中的 subFun 函数变量，不能这样实现：

```
var subFun : (Int, Int) -> Int =
{a, b ->
```

```
run{
    if(a > b)
        return (a - b)
    else
        return (b - a)
}
}
```

之所以不允许使用 return 返回，是因为无法确定对应的接受者。subFun 变量并非一个普通的变量，而是一种函数类型，因此在这里不管是使用 return (a-b) 还是使用 return (b-a)，都不合适。当然，真实的原因并非如此简单，其实这与 lambda 表达式的内部实现有关。总之，lambda 表达式会自动推测其返回值，并不需要你显式通过 return 关键字进行返回。

4. 函数类型赋值与调用

函数类型并不是唯一的——入参不同，返回值类型不同，则函数类型便有差别。看了下面的例子你就会明白了：

```
var fun1 : (Int, Int) -> Int =
    {a, b ->
        run{
            if(a > b)
                a - b
            else
                b - a
        }
    }

var fun2 : (Int, Int) -> Unit =
    {a, b ->
        println("empty")
    }

var func = fun1
func = fun2
```

在本示例中定义了两种函数类型的变量，分别是 fun1 与 fun2。注意这两个函数类型的返回值不同，一个返回 Int，一个返回 Unit。程序首先将 fun1 变量赋值给 func

变量，接着试图再将 fun2 变量赋值给 func，结果编译器就报错了。各位道友可以根据编译器的错误提示，进一步体会 Kotlin 的函数类型。

Kotlin 的函数类型变量本质上代表一种函数，既然是函数，便可以调用。在调用时，需要注意与变量赋值的区别。例如下面这种函数类型：

```
var fprint : () -> Int =
    {
        print("print...")
        1
    }
```

对于 fprint 变量，你可以使用如下两种方式进行处理：

- var func = fprint
- var func = fprint()

需要仔细区分这两种处理方式，因为其结果截然不同。第一种处理方式仅仅是变量赋值，执行后，func 变量便具有与 fprint 变量相同的数据类型。而第二种处理方式则是在进行函数调用——在函数类型变量后面添加一对圆括号，便可以调用该函数（当然，这是无参的情况，如果函数类型带有参数，则必须传入实参）。在实际编程中，必须注意这两种写法上的巨大差异。

而当函数类型有入参时，这种区别就比较明显：

```
var fprint : (Long) -> Int =
    {l ->
        print("print...$l")
        1
    }
```

现在的 fprint 变量的类型原型是一个包含一个入参的函数，因此如果想调用，可以这样来调用：

```
var func = fprint(356L)
```

此处的函数类型变量调用便与其传递形式有明显区别。

5. 函数类型传递与高阶函数

虽然函数类型相比于其他数据类型，非常特殊，但是这种类型的变量也与普通的变量一样，可以进行声明、初始化、赋值。当然，函数类型的变量相比于普通的变量，有一种特殊的用法，那就是可以当作函数进行调用，在调用这种类型的变量时，只需要在变量名后面添加圆括号，并传递进对应的实参即可。

既然函数类型变量具有普通变量的属性，自然也可以作为参数传递给其他函数。能够接受函数类型的变量作为入参，或者返回一个函数类型的函数，专业上称之为"高阶函数"。调用高阶函数时，便是 lambda 表达式发挥作用的时候，不同的编程语言为此专门进行了各种形式变化，当然主要还是为了简化形式。

下面这种文法定义了一个接受函数类型作为入参的高阶函数：

```
fun advanceFun(a: Int, funcType: (Int,Int) -> Int){
funcType(a, 86)
}
```

这里声明的 advanceFun() 函数，其第 2 个入参 funcType 便是一个函数类型，其函数类型表明这是一个包含两个 Int 型入参、返回 Int 类型的函数。

下面这种文法定义了一个返回函数类型的高阶函数：

```
fun advanceFun(a: Int): (Int, Int) -> Int{
    return {
        a, b ->
        a + b
    }
}
```

其实这种类型的函数在前文讲解闭包时我们已经见识过。从这个角度来看，其实闭包要想发挥作用，其宿主函数必须是高阶函数——至少能够返回函数类型。

如果高阶函数将函数类型作为其入参，则调用高阶函数时，可以传递一个函数类型的实参，如下例所示：

```
/** 声明高阶函数 */
fun advanceFun(a: Int, funcType: (Int,Int) -> Int){
    funcType(a, 3)
}
```

```
/** 声明一个函数类型的变量 */
var funcType: (Int, Int) -> Int =
    {
        a, b ->
        a + b
    }


fun main(args: Array<String>){
    /** 调用高阶函数 */
    advanceFun(96, funcType)
}
```

本示例首先声明一个高阶函数 advanceFun，其接受一个函数类型的入参。接着声明一个函数类型的入参 funcType，其包含两个入参和一个 Int 类型的返回值。最后在主函数 main()中调用了高阶函数 advanceFun()，其第 2 个入参便是函数类型的变量funcType。

如同其他普通类型的变量一样，在执行函数调用时，所传的实参既可以是一个已经声明好的变量，也可以不事先声明而是在函数调用时直接初始化的变量。例如本示例中的 advanceFun()函数，其第一个入参是 Int 类型，我们可以先声明一个 Int 类型的变量作为实参传递进来，如下：

```
/** 调用高阶函数 */
var a = 96
advanceFun(a, funcType)
```

这里我们先定义好 Int 类型的变量 a，然后将 a 传递进 advanceFun()函数。当然，也可以不事先声明变量 a，而是在函数调用时即时声明，如下：

```
/** 调用高阶函数 */
advanceFun(96, funcType)
```

与普通类型的变量一样，函数类型的变量也可以不事先声明，而是在函数调用时即时声明。对本例进行改造，如下所示：

```
/** 声明高阶函数 */
fun advanceFun(a: Int, funcType: (Int,Int) -> Int){
    funcType(a, 3)
}
```

```
fun main(args: Array<String>){
    /** 调用高阶函数 */
    advanceFun(96,
            {
                a, b ->
                a + b
            }
    )
}
```

可以看到，现在在调用高阶函数 advanceFun()时，第二个入参并没有直接传递一个函数类型的变量，而是在调用时即时声明了一个函数类型的变量，这便使用到了 lambda 表达式的写法。也许这种文法形式稍显复杂，但是只需要明白这是在函数调用时即时声明的变量,同时明白这种即时声明的文法与实例化一个函数类型的文法完全相同，就显得清晰和简单了。

6. 高阶函数简写形式

高阶函数不仅声明文法稍显复杂，毕竟突破了大家习以为常的形式，而且在调用时即时声明和使用函数类型变量的文法也会使程序看起来复杂度骤然大增（主要是 lambda 表达式的结构比较复杂）。为了简化，lambda 文法规定：

如果一个高阶函数的最后一个入参是函数类型，则在调用该高阶函数时，可以将该入参从入参列表中移到入参列表外面，并使用花括号括起来。

下面对一个高阶函数按照这种规定进行格式演化。

清单：Lambda.kt

功能：高阶函数的简化调用

```
/** 声明高阶函数 */
fun advanceFun(a: Int, funcType: (Int,Int) -> Int){
    var sum = funcType(a, 3)
    println("sum=$sum")
}


fun main(args:Array<String>){
```

```
/** 以普通的方式调用高阶函数 */
advanceFun(96,
    {
        a, b ->
        a + b
    }
)

/** 以简化的方式调用高阶函数 */
advanceFun(96)
    {
        a, b ->
        a + b
    }

}
```

本示例声明的 advanceFun()函数是一个高阶函数，其第二个入参——也是最后一个参数，是一个函数类型，因此本示例在 main()主函数中分别以两种方式调用 advanceFun()函数——一种是普通形式，一种是简化形式。注意看简化的调用文法，看起来像在进行函数定义。

如果高阶函数仅包含一个入参，并且这个入参就是高阶函数类型，那么使用简化的调用形式之后，其入参列表可以为空，就像下面的例子所示：

```
/** 声明高阶函数 */
fun advanceFun(funcType: (Int,Int) -> Int){
    var sum = funcType(2, 3)
    println("sum=$sum")
}


fun main(args:Array<String>){

    /** 以普通的方式调用高阶函数 */
    advanceFun(
        {
            a, b ->
            a + b
```

```
        }
    )

    /** 以简化的方式调用高阶函数 */
    advanceFun()
    {
        a, b ->
        a + b
    }

}
```

7. it

在上一小节，即使将高阶函数的最后一个函数类型入参从参数列表里移到外面，lambda 表达式仍然显得很复杂，甚至让函数调用文法看起来像是函数定义——这在很多时候让人抓狂，因为你总是要静下心来仔细推敲一段包含 lambda 文法的程序的真实意图，尤其是在层层嵌套内部连续使用 lambda 文法的时候，在理解程序逻辑之前，必须先对程序文法进行推演——这比那些没有使用 lambda 文法形式的程序要难上很多。所以，使用高阶函数并非一件好事，这种文法似乎与指针一样，让开发者必须面对复杂的写法，而不是让开发者只需要理解程序意图。

既然高阶函数和 lambda 表达式如此复杂，那为何又如此广为推崇呢？一方面很多人就喜欢复杂的文法形式，就像笔者就喜欢使用指针开发高性能的程序一样（机智的你可能一眼就看出这群人有受虐倾向^_^），另一方面，其实与 "it" 这个关键词有关——当一种函数类型只包含一个入参时，高阶函数的调用就可以简化成 "it" 关键字与由其他操作数所组成的单行表达式运算。

清单：Lambda.kt

功能：使用 it 简化高阶函数调用

```
/** 高阶函数，其入参中的函数类型只包含一个入参 */
fun advanceFun2(square: (Int) -> Int){
    var result = square(3)
    println("square=$result")
}
```

```
fun main(args:Array<String>){

    /** 以普通的方式调用高阶函数 */
    advanceFun2(
        {
            it ->
            it * it
        }
    )

    /** 以简化的方式调用高阶函数,此时连"it ->"关键字都省略了 */
    advanceFun2()
    {
        it * it
    }

}
```

本示例定义的高阶函数 advanceFun()中包含一个函数类型的入参,该函数类型只包含一个入参,其功能是对入参进行平方运算。在调用时,可以使用 it 作为函数类型入参的形参名称,在这种情况下,可以省略"it ->"这种参数列表声明和分隔符,使 lambda 表达式得到很大简化。于是在 Kotlin 中也可以模拟出"语言集成查询模式 (LINQ-style)"代码风格,例如:

```
fun main(args:Array<String>){

    var str = "AaBCefr"
    var map = str.filter { it > 'a' }
                 .filterNot { it == 'e' }
                 .map { it.isLowerCase() }

    println("str=$map")

}
```

本示例通过 Kotlin 本身核心类库所提供的高阶函数接口,对一串字符串进行过滤,并最终转换为 map。注意观察本示例的函数调用形式,全都使用花括号,并且里面直接使用 it 关键字进行处理——已经完全异于普通的函数调用形式。

Kotlin 核心类库为很多类都提供了高阶函数调用，并且高阶函数中"函数类型"的入参往往都只包含一个入参，所以调用时只需要使用 it 关键字进行逻辑处理。你熟悉了这种形式后，自然就会发现 lambda 表达式的巨大魅力！

8. 闭包与连续调用

前面讲过，闭包实现的前提是函数必须能够返回一个函数类型的结果值，也即函数必须是高阶函数。而所返回的函数类型变量，可以是高阶函数内部定义的局部函数，如下：

```
class Closure{

    fun foo():(Int)->Unit{
        var a = 1

        /** 声明一个局部函数 */
        fun local(m:Int){
            a++
            count++
            println("a=$a, count=$count")
        }

        /**
         * 返回闭包
         * 注意 foo()函数的返回值类型是(Int)->Unit
         * 这代表返回一个函数
         */
        var b = ::local
        return b
    }

}
```

也可以是在高阶函数外部定义的顶级函数，如下：

```
fun local(m: Int): Unit{
    println( m * m )
}

class Closure{
```

```
fun foo():(Int)->Unit{
    var b = ::local
    return b
}

}
```

注意上面这两种形式，在返回一个函数类型的变量时，并没有通过 lambda 表达式定义一个函数类型的变量然后再返回，而是先定义一个普通的函数，然后通过符号"::"引用该函数进行返回。

需要注意的是，Kotlin 中的"::"操作符使用的场景比较多，并且还在一直为其增添新的用途。不过在目前，当使用其来引用另一个函数从而返回一个函数类型的变量时，只能引用局部函数，或者顶级函数，而不能引用类的成员函数。例如上面的例子，如果 local()函数被定义在类 Closure 的内部，便无法通过"::"操作符来引用，如下：

```
class Closure{

    fun local(m: Int): Unit{
        println( m * m )
    }

    fun foo():(Int)->Unit{
        var b = ::local
        return b
    }

}
```

在这里，local()函数被定义成类成员函数，再通过"::local"来引用，编译器就会报错。

除了通过"::"操作符将一个顶级函数或者本地函数作为一个函数类型的变量进行返回外，也可以直接通过 lambda 表达式返回一个函数类型的变量，如下：

```
class Closure{

    fun foo():(Int)->Unit{
```

```
/** 通过 lambda 文法返回一个函数类型的变量 */
return {
    m ->
    m * m
}

}

}
```

当一个高阶函数返回的是函数类型时，可以改变该高阶函数的调用方式。对于上面的 Closure 类，可以对其 foo()高阶函数进行连续调用。

可以像下面这样进行连续调用：

```
fun main(args:Array<String>){
    var clo = Closure()
    clo.foo()(3)
}
```

这里通过 clo.foo()(3)这种形式进行连续调用，其实这种写法会被编译器分解成下面这种形式：

```
var func = clo.foo()
func()
```

所以，当高阶函数返回函数类型时，其调用形式就可以被各种技巧包装得很复杂，各位道友需要具备"庖丁解牛"的本领，从其异于常规的形式表面看透其语法实质。

2.3.4 内联函数

内联函数顾名思义，就是将函数体直接移到调用者函数内部来执行，从而提高效率。

在介绍内联函数之前，有必要先描述函数的调用过程。

不管对于操作系统还是 JVM 这样的虚拟机，函数调用机制都是一样的，都包括如下核心的三点：

- 函数本身的代码指令（机器码指令或者 Java 字节码指令）单独存放在内存中某个地址空间。

- 函数执行之前，系统需要为该函数在堆栈中分配栈空间。
- 调用新函数时，系统需要将调用者函数的上下文存储起来，以便被调用函数执行完毕后，重新切换回调用者函数继续执行。

其中，函数执行时与性能相关的是第 3 点，即函数调用的上下文保存（专业术语叫"现场保存"）。当系统准备调用新函数时，需要进行压栈操作，保存调用者函数的很多运行时数据，这些数据通常被直接压入栈中；而当被调用函数执行完毕后，系统需要恢复原来调用函数的运行时数据，进行出栈操作。因此，函数调用要有一定的时间和空间方面的开销，如果频繁地进行函数调用，会比较消耗时间。

若要消除函数频繁调用所带来的性能损耗，一种思路便是进行函数内联——直接将被调用函数的函数体整体复制到调用者函数的函数体内，将函数调用转换成直接的逻辑运算，从而避免了函数调用。

例如下面的示例：

```
fun main(args: Array<String>){
    var rs = sub(3, 6)
}

fun sub(x: Int, y: Int){
    if(x > y){
        return x - y
    }
    else {
        return y - x
    }
}
```

在这里如果将 sub() 函数声明成内联函数，则编译器会将 sub() 函数的函数体直接内嵌到其调用者 main() 函数内部，变成下面这种形式：

```
fun main(args: Array<String>){
    var x = 3
    var y = 6
    var rs: Int = 0
    if(x > y){
        rs = x - y
    }
```

```
else {
    rs = y - x
}
}
```

其实函数内联并非 Kotlin 语言原创，早在 C 语言时代（有没有更早的，笔者就不清楚了，若有，望高人指出^_^）就有内联的概念了。

虽然内联解决了函数调用时现场保存与恢复的性能消耗，但是这种解决方案会有一个副作用——当函数被调用者函数内联之后，会增加调用者函数的程序指令数量，同时往往也会增加调用者函数的局部变量数量，这意味着调用者函数需要分配更多的堆栈空间才能存储下这些局部数据，所以函数内联本质上可以被看作以空间换时间。对于操作系统和虚拟机而言，往往会为线程堆栈设置一个最大空间值，若超过该值，就会在运行时抛出堆栈溢出异常。而如果被内联的函数非常大，则可能就会造成堆栈空间溢出。所以往往都建议针对小函数进行内联。

在 Kotlin 中，将一个函数声明成内联函数，只需要在函数声明时添加 inline 关键字即可。例如：

```
fun main(args: Array<String>){
    var rs = sub(3, 6)
}

inline fun sub(x: Int, y: Int){
    if(x > y){
        return x - y
    }
    else {
        return y - x
    }
}
```

这里将 sub()函数声明成内联函数，则编译器会将该函数内联到其调用者 main()函数内部。

在 Kotlin 中，内联函数使用频率较高的一个场景是 lambda 表达式。lambda 表达式的主要作用是实例化一个函数类型的变量，当高阶函数调用函数类型的变量时，其实 JVM 虚拟机所要做的并非仅仅只有函数调用那么简单，JVM 虚拟机需要先为这个变量分配堆内存空间，实例化该变量。高阶函数所调用的虽然是一个函数，但是这个函数本质上是一个变量，并且是函数类型的变量，而既然是类型，必然要对其进行实例化才能使用。所以这是函数类型的变量调用与普通函数调用的根本区别。

通过内联函数声明，可以将高阶函数对函数类型变量的函数式调用转换为直接对一个普通函数的调用，甚至直接将被调用的函数内嵌到高阶函数内部，连函数调用都省却掉。如此一来，可以从以下两个方面提升高阶函数的执行效率：

- 避免函数类型的实例化以及实例对象的内存分配。
- 避免函数调用所带来的压栈与出栈性能开销。

下面是对高阶函数进行内联的一个示例：

```
fun main(args:Array<String>){
    advance(5, ::square)
}

/** 声明高阶函数 */
inline fun advance(m:Int, square: (Int) -> Int){
    var product = square(3)
    println("product=$product")
}

fun square(x: Int): Int{
    return x * x
}
```

在本示例中，advance()是一个高阶函数，该高阶函数本身被声明成了一个内联函数。当在主函数 main()中调用该高阶函数时，将 square()函数作为实参传递给了高阶函数。对于本示例，当程序被编译后，高阶函数会被内联到 main()主函数内部。但是，square()函数会被如何处理呢？

事实上，当内联函数遇上 lambda 表达式时，形式远比上面这种写法复杂，后文会对此进行详细分析。

关于函数，Kotlin 还提供了许多特性，例如匿名函数，本书不再一一列举。广大道友只需掌握闭包和 lambda 表达式的内涵，就能举一反三，从纷繁复杂的各种外在的函数形式，看清其本质。

3

封装

　　Kotlin 本身没有底层虚拟机，因此 Kotlin 的定位就是作为对 Java 语言的补充和扩展。Java 语言是一门彻底的面向对象的编程语言，最明显的表现便是 Java 中的所有编程要素都必须封装在类型中，不管是方法还是静态变量。如果你尝试在类型外面定义一个变量，那么编译器一定会报错。相比之下，Kotlin 虽然基于 JVM（Java 虚拟机），虽然位于 Java 之上，但是其设计理念却高于 Java，同样，最明显的表现就是你可以在 Kotlin 的类型外面声明一个变量或者一个函数。

　　面向对象编程（OOP）已经在实践中被证明是一种非常成功的程序设计理念，在 Java 领域，非但程序设计是完全面向对象的，就连分析与设计人员，也是面向对象进行建模和设计。当然，面向对象编程的理念所带来的革命性红利多数还是被程序开发人员所分享，因为面向对象设计极大地降低了编程的入门门槛，并且其强大的类库与兼具高雅和浅显的语法特性也使得开发人员感觉编程是一件让人愉快的事情。面向对象编程理念之所以会有如此巨大的威力，是有其深刻的技术内因的。从本质上讲，所有编程语言的最终目的都是逻辑封装，在大部分编程语言中，这种逻辑封装的实现方式便是通过函数来承载。例如，汇编语言对最原始、底层的二进制机器指令的初步抽象，使难以阅读、理解与试错的机器指令被直观易懂的汇编指令替换，从而让计算机程序研发人员得以解脱。而后来 Basic、C、Fortran 等编程语言对汇编进行了封装，这种封装属于一种巨大的进步，例如 C 语言，其一条指令往往对应着若干条汇编指令。但是 C 语言的学习成本依然很高，因为人们依然需要理解计算机底层原理，关注硬件细节，才能写出正确的程序。后来人们经过不断思考和抽象，发明了多种方式或手段，让程序员在分析问题时不用考虑计算机的模型，而只需要为实际要解决的问题建立模型和算法。面向对象编程便是其中很成功的一种技术手段，面向对象的编程语言让程序员终于能够使用面向对象的模型来解决实际的问题，并且不用过多关注底层技术。面向对象技术使用类型为现实客观世界建立模型，并通过消息传递驱动目标对象作出反应，最终通过各种对象的有序协作完成整体算法逻辑。

Java 是一门彻底的面向对象的编程语言，因为所有的一切编程元素都必须封装在类型中。这种方式所带来的优点很多，因为程序员只需要基于"面向对象"这一种思维就能解决问题，不用额外再去学习其他知识。但是这种方式也有其缺点，举个最简单的例子，在 Java 中要向终端打印信息，必须调用冗长的函数：System.out.print()，而在很多其他编程语言中，对于打印这类特别基础和简单的功能，通常只需要直接调用简单的函数即可。Kotlin 对于这类事情做了很多改进，甚至不惜抛弃面向对象编程的理念。事实上，在面向对象这方面，Kotlin 除了没有指针，不能直接调用操作系统 API 之外，看起来与 C++很类似。而函数扩展等语言特性又使 Kotlin 看起来像 GO 语言。而对象表达式则又有点像 VB。总之，其他编程语言中的优点只要被证明是方便易用的，Kotlin 就尽可能地吸收过来，从这个角度来看，所谓的面向对象究竟算是被 Kotlin 吸收进来的一个语法特性，还是 Kotlin 的语言模型基础，就有点难说了，不过由于 Kotlin 的整体基调仍然是面向对象的，所以后一种解释显然更容易被接受。本章我们就一起来看看 Kotlin 对面向对象编程理念的诠释。

与 Java 一样，Kotlin 也使用关键字 class 来声明一个类，例如：

```
class Animal{
var name
}
```

Kotlin 的类型兼容 Java 类型的全部语义和概念，但是也并非完全相同。不过在 Kotlin 中，一个类型与 Java 中的一样，也包含如下元素：

- 构造器和初始化块

- 成员函数
- 属性
- 内部类
- 对象声明

3.1 构造函数与实例化

3.1.1 构造函数漫谈

无论是 Java、C++、C#还是其他面向对象的编程语言，将数据封装成类型是它们实践 OOP（面向对象编程）理论的内容之一。一个类型中包含很多属性，在不同的业务场景中，开发者希望能够在为类型实例分配内存时，就同时为类型中一部分属性赋初值，于是就自然而然地诞生了"构造函数"这一概念。构造函数一方面承担为类型分配内存空间的责任，另一方面的作用就是初始化部分字段。

构造函数其实并不是一个真正的函数，因为它没有返回值类型，连函数名也被严格约束。而从编译器的角度看，构造函数的确不是函数，因为编译器通常会对构造函数进行特别处理。在 C++中，构造函数会被处理成内存分配指令；在 Java 中，会被处理成 new 指令。因此，构造函数可以被看作一个语法糖层面的伪函数，如果允许的话，你也可以在非面向对象的编程语言中开发这么一个语法糖性质的函数。以 C语言举例，C 语言的 struct 结构体具有封装属性的功能，可以将多个不同类型的字段绑定在一起形成一个类型。

清单：animal.c

功能：C 语言数据封装

```
#include <stdio.h>
#include <stdlib.h>

//定义结构体来封装属性
typedef struct Animal
{
int height;//高度
int weight;//体重
```

```
char *name;//名字
}animal;

int main(int argc, char const *argv[])
{
    //声明一个 animal 类型的变量
animal dog;

//为 animal 里面的字段赋值
dog.height = 20;

//使用 animal 字段
printf("dog.height=%d\n", dog.height);

return 0;
}
```

本示例使用 C 语言编写，在其中定义了一个结构体 Animal，并通过结构体封装了 3 个属性字段。在这里，结构体虽然不是 Java 里面的"类型"概念，但是也已经具备数据封装的能力。在 main()函数中，通过 animal dog 这种方式便可以直接声明一个结构体类型的变量，接着就可以通过 dog.height=20 这条语句为结构体中的字段赋值进行初始化。

假设 C 语言也支持所谓的"构造函数"的概念，那么完全可以提供诸如下面这种形式的构造函数来完成内存分配以及部分字段的初始化，这种"构造函数"可以是下面这种样子：

```
constructor ainmal(int height){
    animal.height = height;
}
```

有了这个构造函数，便可以通过 animal(20)这样的方式来声明变量，同时对内部字段进行初始化。通过这个示例，你应该能够理解构造函数的作用。

数据封装是面向对象思想的基础,而计算机硬件却没有为复杂数据结构直接分配内存的指令或机制,因此对于被封装的数据集只能进行整体打包申请内存。面向对象不仅封装了数据,通常也封装了函数,使函数的调用也是面向对象的,看起来好像是向某个对象发出消息后触发了对象的某个动作,这种机制使内存分配不再能够直接调用 OS（操作系统）层面的内存分配指令，因为 OS 层面的内存分配指令是面向过程的。所以，面向对象编程语言在为对象申请内存时，只能依靠编程语言的语言特性间接实现，而不能由开发人员自由申请。所谓语言特性，通常就是一种触发特殊指令的机制，能够由开发者直接使用，这种特性就是构造函数。在 Java 中通过 new 关键字来调用构造函数，在 C++中既可以使用 new，也可以不使用 new。Java 中的 new 关键字是写给 Java 虚拟机看的，Java 虚拟机看到 new 指令后，会计算类型所需要的内存空间，并在堆空间中完成对象实例的内存分配，同时，如果构造函数有入参，会顺便将这块申请好的堆内存的部分区域初始化为特定的值。

但是也并非所有的面向对象编程语言都会将对象实例分配到堆空间，例如 C++，如果实例化类型对象时不使用 new 关键字，则对象实例会被分配到函数堆栈上。这么做的好处是不言而喻的，开发者不用担心那可怕的内存泄漏问题。事实上，Java 虚拟机随着对极致性能的不断追求，对于小的类型实例，也会使用 TLAB 等技术直接将对象实例分配到函数堆栈上，这样就减轻了垃圾回收时的压力。

3.1.2　Kotlin 构造函数

Kotlin 作为面向对象的编程语言，也支持为类型声明构造函数。不过 Kotlin 声明构造函数的方式相比 Java 有所变化，下面这个示例演示了在 Kotlin 中声明构造函数的方式。

清单：SharedBike.kt

功能：Kotlin 构造函数声明

```
fun main(args:Array<String>){
    var sharedbike = SharedBike("MB", 188)
    println("color=${sharedbike.color}")
}

class SharedBike(manufacturer:String, color:Int){
    var manufacturer:String
    var color:Int

    init{
        this.manufacturer = manufacturer
```

```
        this.color = color
    }
}
```

如本例所示,在类 SharedBike(注:共享单车)的类型名称后面紧跟参数列表(本示例包含两个入参),就完成了构造函数定义。类型字段的初始化逻辑被放在 init{}块中,init{}块是 Kotlin 中的语法糖,与 Java 中的 static{}块类似,仅仅是外在的一种语法特性。这么声明之后,在 main()测试用例中便能够通过"var sharedbike = SharedBike("MB", 188)"直接调用构造函数。

像这种直接在类型名称之后声明的构造函数,被称为"主构造函数"。之所以被称为主构造函数,其原因应该是这种方式所声明的构造函数,具有无可比拟的特殊性,或者是具有至高无上的地位。众所周知,只要入参数量或入参类型、顺序不同,就可以为一个类型声明多个构造函数。但是 Kotlin 通过在类型名称之后所声明的构造函数只能有一种,在这种方式下,你不可能同时声明多个构造函数,所以才称其为"主"。主构造函数其实是相对于次构造函数而言的,次构造函数在 Kotlin 中被叫作"二级构造函数",下文会讲解它。

乍一看,感觉 Kotlin 的主构造函数的声明方式,仅仅在形式上与 Java 或 C++的构造函数不同,貌似没啥特别的作用。其实不然,接着往下看。

3.1.3　简化的主构造函数

Kotlin 自始至终秉承"简单至上"的设计宗旨,那么在构造函数的声明上,如何能够简化呢?至少从上一节所介绍的主构造函数的声明方式上,我们没看出来有多么简化,顶多是一种形式上的变化而已。

其实,Kotlin 之所以要提供主构造函数的这种声明方式,正是为了极大简化属性的定义和初始化。在上一节所举的 SharedBike 类型的示例中,主构造函数的入参形式是:

```
manufacturer:String, color:Int
```

现在如果将其进行简单修改,改成如下方式:

```
var manufacturer:String, var color:Int
```

这种修改很简单，在每一个入参名称之前都加上 var 关键字，但是所起的效果就大不相同了。效果包括两方面。

（1）声明了类属性

在构造函数里通过 var manufacturer:String 和 var color:Int 分别声明了两个属性，这样在类型里面就无须再专门声明属性。

（2）声明了一个构造函数

该构造函数包含两个入参，并且在构造函数中完成对类属性的初始化。

使用新的主构造函数来重新定义上一节示例中的 SharedBike，就可以简化成下面这种形式。

清单：SharedBike.kt

功能：简化的主构造函数

```
class SharedBike(var manufacturer:String, val color:Int){

}
```

与上一节示例中的 SharedBike 相比，现在的 SharedBike 已经简化到只有一行。但是这一行代码却同时为 SharedBike 类型声明了两个属性，并且在构造函数里完成了初始化逻辑。这一行代码如果使用 Java 来写，必须这么来编写。

清单：SharedBike.java

功能：演示 Java 的构造函数

```
public class SharedBike{
    private String manufacturer;
    private Integer color;
    public SharedBike3(String manufacturer, Integer color){
        this.manufacturer = manufacturer;
        this.color = color;
    }
}
```

由此可见，Kotlin 的主构造函数相比 Java 而言，是相当地精简！Java 需要若干行才能完成的事，Kotlin 一行搞定。

为了验证 Kotlin 主构造函数的功能，可以通过下面的用例进行测试。

清单：SharedBike.kt

功能：使用 Kotlin 构造函数

```
fun main(args:Array<String>){
    var sharedbike = SharedBike("MB", 188)
    println("color=${sharedbike.color}")
}
```

运行这段程序，顺利输出如下结果：

```
color=188
```

Kotlin 主构造函数的强大是不言而喻的。

上面只使用一行就解决了类属性定义和构造函数声明的问题，但是如果开发者并不希望在构造函数中仅仅只是进行类属性的初始化赋值，还希望干点别的事，例如打印一行日志，怎么办呢？很简单，可以在 init{}块中添加构造函数的特殊逻辑。

清单：SharedBike.kt

功能：在构造函数中添加自定义逻辑

```
class SharedBike(var manufacturer:String, val color:Int){
    init{
        println("initialed......")
    }
}
fun main(args:Array<String>){
    var sharedbike = SharedBike("MB", 188)
    println("color=${sharedbike.color}")
}
```

运行程序，输出结果如下：

```
initialed......
color=188
```

根据输出结果可知，Kotlin 的确将 init{}块中的逻辑添加到了构造函数之中。

3.1.4　二级构造函数

上一节演示了 Kotlin 主构造函数的声明方式，直接在类名后面声明即可。既然有"主"，就有"次"。在 Kotlin 中，所谓的"次"构造函数，有一个专门的称谓，叫作"二级构造函数"。二级构造函数的声明形式如下：

```
constructor(param1:dataType1, param2:dataType2, ...)[:
delegate]{
    [initial express]
}
```

还是以上一节中的 SharedBike 为例，为其声明一个二级构造函数。

清单：SharedBike.kt

功能：Kotlin 二级构造函数

```
class SharedBike(){
    constructor(manufacturer:String):this(){
        println("manufacturer=$manufacturer")
    }
    init{
        println("initialed......")
    }
}
fun main(args:Array<String>){
    var sharedbike = SharedBike("mobai")
}
```

在本示例中，通过 constructor 关键字为 SharedBike 类型声明了一个包含一个入参的二级构造函数。声明后，在 main()测试用例中便可以通过"var sharedbike = SharedBike("mobai")"调用该构造函数。运行这段程序，输出如下结果：

```
initialed......
manufacturer=mobai
```

在本示例中，也许道友注意到所定义的二级构造函数的后面多了一个后缀，即":this()"，其实这表示构造函数代理，其中的 this 表示主构造函数。Kotlin 规定，每一个二级构造函数都必须要直接或间接代理主构造函数。在本示例中，并未声明主构造函数，这意味着其实声明了一个默认的无参的主构造函数，所以通过 constructor

关键字定义的二级构造函数必须通过"`:this()`"来代理默认构造函数。

其实这也正是必须对 Kotlin 中的源程序中以.kt 结尾的类型声明添加括号的原因。在 Java 中声明一个类，一般形式如下：

```
public class SharedBike{

}
```

而在 Kotlin 中，却必须在 SharedBike 类名后面添加括号，如下：

```
class SharedBike(){

}
```

其实这便是 Kotlin 支持主构造函数的原因，如果类名后面的括号中没有入参，则表示在声明一个默认的、无参的主构造函数。

Kotlin 的二级构造函数可以间接代理主构造函数，二级构造函数只需要通过代理其他二级构造函数便能实现间接代理。

清单：SharedBike.kt

功能：二级构造函数间接代理主构造函数

```
class SharedBike(){
    /** 直接代理主构造函数 */
    constructor(manufacturer:String):this(){
        println("manufacturer=$manufacturer")
    }

    /** 通过代理另一个二级构造函数,间接代理主构造函数 */
    constructor(manufacturer: String, color:Int):
this(manufacturer){
        println("manufacturer=$manufacturer, color=$color")
    }

    init{
        println("initialed......")
    }
}
```

本示例中一共声明了两个二级构造函数,其中第 2 个构造函数代理了第一个构造函数,由于第一个构造函数直接代理了主构造函数,因此第 2 个构造函数通过代理第一个构造函数,便相当于间接代理了主构造函数。

由于本示例中定义了两种二级构造函数,因此可以分别调用这两种构造函数来实例化 SharedBike 类型,下面的示例直接使用了第 2 种构造函数:

```kotlin
fun main(args:Array<String>){
    var sharedbike = SharedBike("ofo", 188)
}
```

运行该程序,输出如下:

```
initialed......
manufacturer=ofo
manufacturer=ofo, color=188
```

由输出结果,可以推导出二级构造函数的调用顺序,即 Kotlin 会先调用被代理的构造函数。

当然,本示例的第 2 个构造函数也可以直接代理主构造函数,而不必通过第 1 个二级构造函数进行间接代理,如下面的例子。

清单:SharedBike.kt

功能:二级构造函数间接代理主构造函数

```kotlin
class SharedBike(){
    /** 直接代理主构造函数 */
    constructor(manufacturer:String):this(){
        println("manufacturer=$manufacturer")
    }

    /** 第 2 个二级构造函数仍然直接代理主构造函数 */
    constructor(manufacturer: String, color:Int): this(){
        println("manufacturer=$manufacturer, color=$color")
    }

    init{
        println("initialed......")
    }
}
```

3.1.5 C++构造函数与参数列表

Kotlin 博采众家编程语言之长，吸收了很多其他语言中的优秀设计，有些吸收是表面形式化的，而有些则是内在机制层面的吸收。在构造函数这方面，二级构造函数的代理语法形式，与 C++的构造函数继承语法形式简直惊人地相似！但是很显然，Kotlin 中的主构造函数代理并不涉及继承体系，所以在内在机制上与 C++完全不同。只能说 Kotlin 的设计人员可能很喜欢 C++中的那种继承机制。先看看 C++中的构造函数继承语法。

清单：bike.cpp

功能：C++的构造函数继承

```cpp
class Bike
{
public:
    Bike()
    {
        cout<<"基类默认构造函数"<<endl;
    }
    Bike(int i)
    {
        cout<<"基类含参构造函数"<<endl;
        cout<<i<<endl;
    }
    virtual ~Bike(){}
};

class SharedBike: public Bike{
public:
    SharedBike(int i, int j=0):Bike(j){
        cout<<"基类含参构造函数调用"<<endl;
        cout<<i<<endl;
    }
    virtual ~SharedBike(){}
};
```

在本示例中，SharedBike 继承了父类 Bike，所以 SharedBike 类的构造函数可以继承 Bike 类的构造函数。这种构造函数继承的语法看起来与 Kotlin 的二级构造函数代理语法简直一模一样，但是功能则完全不同。

二级构造函数在代理时，被代理的构造函数（主构造函数或二级构造函数）中的入参必须在所声明的二级构造函数中的参数列表中定义过，由此可以推断出：

二级构造函数的入参列表集合必须包含但不能等于被代理的构造函数参数列表。

根据这个宗旨，如果开发者未显式定义一个主构造函数（这种情况也可以被认为是开发者显式定义了一个默认的、无参的主构造函数），则不能声明一个无参的二级构造函数，如下面的示例。

清单：SharedBike.kt

功能：重复入参列表的构造函数声明

```
class SharedBike(){
    constructor():this(){

    }
}
```

本示例并没有为 SharedBike 类显式定义一个包含入参的主构造函数，这就相当于为 SharedBike 类定义了一个无参的、默认的构造函数，因此在类内部试图再为类定义一个无参的二级构造函数时，编译器就不干了。

同理，如果主构造函数包含一个入参列表，则二级构造函数的入参列表不能与之重复，以免重复声明。例如下面的示例。

清单：SharedBike.kt

功能：二级构造函数与主构造函数的参数列表

```
class SharedBike( manufacturer:String,  color:Int){
    var manufacturer:String
    var color:Int

    init{
        this.manufacturer = manufacturer
        this.color = color
    }
```

```
    constructor(manufacturer: String, color: Int):
this(manufacturer, color){

    }
  }
```

本示例中的主构造函数包含两个入参,在类内部试图再定义一个包含相同入参列表的二级构造函数时,结果编译也通不过。

从严格意义上来说,上面的推论并不完全正确,并非二级构造函数的参数列表集合只要包含被代理的构造函数的参数列表就行了,因为如果这两个参数列表集合相等,但是入参顺序不同,也是完全可以的。如下面的示例。

清单：**SharedBike.kt**

功能：**二级构造函数与被代理构造函数的参数集合相等但是入参顺序不同**

```
class SharedBike( manufacturer:String,  color:Int){
    var manufacturer:String
    var color:Int

    init{
        this.manufacturer = manufacturer
        this.color = color
    }

    constructor(color: Int, manufacturer: String):
this(manufacturer, color){

    }
  }
```

本示例的主构造函数包含两个入参,而其内部通过 constructor 关键字定义的二级构造函数也包含同样的两个入参,但是入参类型和顺序都不同,因此编译器不会报错。

3.1.6　默认构造函数与覆盖

Kotlin 与 Java 一样,如果开发者未定义构造函数,则 Kotlin 会自动提供一个默认的实现,这种默认的实现即为"默认构造函数"。默认构造函数没有入参,因此在调用时无须传参，例如下面的示例。

清单：SharedBike.kt

功能：默认构造函数

```
class SharedBike(){
    init{
        println("initialed......")
    }
}
fun main(args:Array<String>){
    var sharedbike = SharedBike()
}
```

但是如果开发者显式声明一个主构造函数，则默认构造函数会被覆盖，开发者不能再调用无参的构造函数。

清单：SharedBike.kt

功能：默认构造函数覆盖

```
class SharedBike(var manufacturer:String, val color:Int){

}
fun main(args:Array<String>){
    var sharedbike = SharedBike()
}
```

在本例中，为 SharedBike 显式声明了构造函数，结果在 main()测试用例中试图直接调用 SharedBike()这个无参的构造函数时，编译器便会报错。

根据"二级构造函数必须直接或间接代理主构造函数"的规则，并且二级构造函数的入参列表集合至少不能小于被代理的构造函数的入参列表，因此可以进一步推断出这样一个结论：

只要开发者为一个类定义了带入参的主构造函数，则默认的、无参的构造函数将被完全覆盖，不能再通过调用这种无参的构造函数来实例化类型实例。

3.1.7　构造函数访问权限与缺省

前面详细分析了 Kotlin 中的主构造函数和二级构造函数的声明与代理语法,其中主构造函数属于 Kotlin 中极具创新的一个语法特性,直接声明在类头部分。

其实,在 Kotlin 中声明构造函数时都需要添加"constructor"这个前缀关键字。而前面章节在声明主构造函数时,都没有加 constructor 这个关键字,这是因为在特殊的情况下,这个关键字在主构造函数的声明中可以省略。

正是因为在很多情况下,主构造函数的声明中的 constructor 关键字都是可以省略的,所以这给类的定义带来了便利。如果主构造函数声明的 constructor 关键字不能省略,则即便定义一个简单的类型,也必须写成如下形式:

```
class SharedBike constructor(){
    /** 直接代理主构造函数 */
    constructor(manufacturer:String):this(){
        println("manufacturer=$manufacturer")
    }

    init{
        println("initialed......")
    }
}
```

这里没有为 SharedBike 类声明主构造函数,但是也可以理解成为其声明了一个默认的、不含参的主构造函数,因此,必须加上 constructor 这个关键字。

这里所谓的"特殊情况"便是指下面这种情况:

当主构造函数没有注解或可见性说明时。

相反,当主构造函数包含可见性说明时,或者包含注解时,constructor 关键字不可省略。例如下面的例子。

清单:SharedBike.kt

功能:主构造函数的可见性声明

```
class SharedBike private constructor( manufacturer:String,
color:Int){
```

```
        var manufacturer:String
        var color:Int

        init{
            this.manufacturer = manufacturer
            this.color = color
        }

        constructor(color: Int, manufacturer: String):
this(manufacturer, color){
            println("constructor...")
        }
    }
```

在本例中，主构造函数被声明为 private 类型，这时就必须添加 constructor 关键字。

注意在本示例中，主构造函数被声明为 private 级别的访问权限，所以无法再通过以下语句实例化 SharedBike 类：

```
var sharedbike = SharedBike("ofo", 188)
```

但是本示例中的二级构造函数并没有被添加 private 关键字来修饰，因此其默认拥有 public 级别的访问权限，所以可以通过如下语句来实例化 SharedBike 类：

```
var sharedbike = SharedBike(188, "mobai")
```

除了主构造函数可以使用 private 来限制其访问级别外，二级构造函数也可以。例如上面的示例，改成下面这种格式。

清单：SharedBike.kt

功能：二级构造函数的可见性声明

```
class SharedBike private constructor( manufacturer:String,
color:Int){
    var manufacturer:String
    var color:Int

    init{
        this.manufacturer = manufacturer
        this.color = color
```

```
    }

    private constructor(color: Int, manufacturer: String):
this(manufacturer, color){
        println("constructor...")
    }
}
```

　　修改后的 SharedBike 类连二级构造函数也都被声明为 private 类型，限制无论如何都不能通过调用任何构造函数来实例化 SharedBike 类型。

3.2　内存分配

　　上一节详细讲解了 Kotlin 中的构造函数声明与调用。抛开构造函数外在形形色色的声明语法形式，回归其本质，构造函数并不是真正意义上的函数，构造函数的本质功能是为 JVM 虚拟机提供为类型对象实例分配内存的外部接口。除了 C++等少数几种面向对象编程语言可以让开发者直接调用底层 API 为对象分配内存之外，大部分更加高级的面向对象编程语言并不能直接支持这种底层 API 调用，因此就必须要提供另外一种机制让开发者能够在需要的时候为类型实例对象分配内存，这种机制就是构造函数。

　　通过构造函数可以为对象实例申请内存空间，分配内存之后，程序根据特定的业务逻辑对内存空间里的字段数据进行初始化。不过有些类型对象内部的字段在对象实例刚创建的时候便需要对其赋初值，因此构造函数便被设计成带入参的格式，通过入参直接对部分字段进行初始化。

3.2.1　JVM 内存模型

　　一个类型内部通常包括许多数据，可以认为一个类型是数据的一种集合。现代面向对象编程语言在为类型对象实例申请内存时，通常更倾向于将类型内部的数据集分配在一块连续的内存空间中，这样做的好处是不言而喻的，可以在运行期直接基于对象实例首地址的偏移量获取到指定字段的内存地址。

C、Delphi 等静态编译型语言在编译后能直接完成内存分配，因为现代计算机的编译原理整体基于虚拟内存的分页机制。Kotlin、Java 等基于 JVM 虚拟机的编程语言则无法做到在编译期完成内存的直接分配，Java、Kotlin 对象实例由 JVM 虚拟机在运行期动态分配。

众所周知，JVM 的内存模型由方法区、堆、栈等区域组成，其中方法区在 JDK 8 之前叫作 permGen，在 JDK 8 之后则被修改变成 metaSpace，修改的并不仅仅是名称，而是其背后的整套机制。JVM 的内存布局如图 3-1 所示。

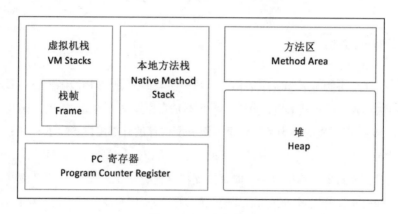

图 3-1　JVM 内存布局

1. 虚拟机栈

现代计算机的函数调用过程，是函数堆栈创建和销毁的过程，每一个函数都会在内存中有一段对应的堆栈空间，用于保存函数内部的临时数据。同时，现代计算机都支持多线程并行机制，一个程序运行期的进程会包含若干线程，每一个线程会运行若干函数。由于每一个函数都需要有对应的堆栈内存空间，因此线程需要有一块比较大的内存空间，这样才能容纳线程链路上所调用的所有函数的堆栈空间，这个空间叫作"线程栈"。图 3-2 所示是操作系统运行期的一个可能的真实的线程栈与函数栈的对应关系。

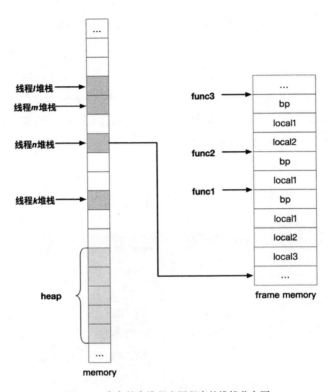

图 3-2 真实的多线程应用程序的堆栈分布图

　　线程可以由开发者随便定义，一个线程在运行期的链路上究竟会调用多少个函数，计算机事先并不知道，所以计算机事先也不知道应该为一个线程分配多大的线程栈空间。为了方便管理，计算机只能提供一个配置项，开发者可以设置线程栈的默认大小。无论是 Windows 还是 Linux 操作系统都有一个这样的选项。

　　JVM 并没有自己设计一个新的线程调度机制，不像 GO 语言那样存在一个基于操作系统核心调度之上的 routine 调度器，因此 Java 或 Kotlin 中创建的新线程，也是直接由操作系统托管和调度的线程资源，从而 JVM 线程栈的大小也受制于操作系统线程栈空间大小。不过 JVM 本身也提供选项用于设置其所允许的最大线程栈空间，若 Java 或 Kotlin 中的函数调用链路很深，会导致所需线程栈空间超过所允许的最大线程栈空间，此时就会抛出 StackOverflowError 错误。

　　对于 Kotlin 的方法，在运行期也会在内存中给其分配对应的函数栈，每个函数都会有一个堆栈的栈，这个栈叫作"栈帧"，也有的书籍中将其称为"记录"（record）。总体而言，JVM 在线程栈和函数栈（即栈帧）这方面并没有创新，毕竟操作系统底层的这一套数据结构和堆栈管理机制已经非常成熟可靠。但是 Kotlin 函数栈帧里所存放的内容，相比于其他编程语言是不一样的。基于 JVM 虚拟机运行的编程语言，例如 Java 或 Kotlin，栈帧里会存放局部变量表（基本数据类型和对象引用）、操作数栈、帧数据等信息。在 JVM 运行期一个可能的真实的 Kotlin 函数栈帧的结构如图 3-3 所示。

图 3-3　Kotlin 栈帧结构

关于"帧数据"里面的内容，是 JVM 运行期为了完成正确的函数调用而存储的必不可少的信息，例如被调用函数的返回地址、被调用函数所对应的字节码指令的内存地址、被调用函数所属的类的常量池信息，等等，有兴趣的道友可参考笔者的另一本著作《揭秘 Java 虚拟机：JVM 设计原理与实现》（中国电子工业出版社，封亚飞著）。

2. 本地方法栈

这部分主要与虚拟机用到的 Native 方法相关，一般情况下， Kotlin 应用程序开发人员并不需要关心这部分内容。这里稍微提及一下，Kotlin 作为一种高级的编程语言，封装了自己的一套语法特性和函数调用机制，这主要体现在两方面：一是对虚拟机 JVM 设计了一套自有的、面向栈的操作指令，每一条指令在运行期都会被替换成本地机器码；另一方面则是部分核心的 JVM 指令并不能直接由机器指令完成，仍然需要调用本地写好的一套 C/C++函数来辅助实现，例如 I/O 操作。当 JVM 某条指令最终需要调用本地实现时，自然就会产生本地方法栈，这种堆栈结构与 JVM 本身的堆栈结构并不完全一致。

3. PC 寄存器

PC 寄存器，也叫程序计数器。JVM 支持多个线程同时运行，每个线程都有自己的程序计数器。倘若当前执行的是 JVM 的方法，则该寄存器中保存当前执行指令的地址；倘若执行的是 native 方法，则 PC 寄存器为空。

在大部分编程语言的内部实现中，所谓的 PC 寄存器往往对应一个真实的物理 CPU 寄存器，用于指向当前线程运行到当前函数的哪一条指令。当发生函数调用时，物理寄存器的值会被压栈保存到被调用函数的栈帧里，这个值在很多书籍中被称为 "return_address"，即返回地址。当被调用函数执行完成后，CPU 会根据这个值重新恢复到调用函数中下一条指令的内存位置，从而继续执行调用函数中尚未完成的逻辑。而当发生线程切换时，操作系统会将即将挂起的线程的若干寄存器的值以及相关数据专门存储起来，以便当该线程重新恢复调度时可以从上次被挂起之前的位置处继续执行，这些被存储起来的数据就包括 PC 寄存器。

所以说，PC 寄存器是实现函数调用和线程切换最关键的一个数据，离开了这个数据，整个世界就会大乱。

4. 堆

堆内存是 JVM 所有线程共享的部分，在虚拟机启动的时候就已经被创建。所有对象实例和数组都在堆上分配。这部分空间可通过 GC 进行回收。当申请不到空间时会抛出 OutOfMemoryError。

下文会详细讲解 Kotlin 对象实例在堆上分配内存的详细情况。

5. 方法区

方法区主要用于存储类的元信息、常量池、变量、方法代码等。方法区也是所有线程都共享的内存区域。方法区逻辑上属于堆的一部分，但是为了与堆进行区分，通常又叫"非堆"。不过到了 JDK 8 之后，方法区的物理划分被彻底从 JVM 的"堆"区分离出去，两者已经没有任何从属关系，因此方法区更加独立。

方法区是 JVM 的一种规范，但是不同的虚拟机、同一种虚拟机的不同实现版本，对规范的解读都不同，说白了就是大家所使用的技术思路都不一致。对于 HotSpot 而言，在 JDK 1.6 及以前，方法区被称为"permGen space"，意为"永久代"。而到了 JDK 1.8，方法区被实现为"metaSpace"。metaSpace 直接使用操作系统的堆内存，而不再属于 JVM 的堆的一部分。

关于方法区的存储原理，下文会详细讲解。

3.2.2 类元信息

在 Kotlin 中，当执行如下语句时：

```
var bike = SharedBike()
```

如果是第一次执行，JVM 并不会直接就为 SharedBike 实例对象 bike 分配内存，因为这时候 JVM 尚不清楚 SharedBike 类型内部的数据结构，不知道 SharedBike 类型内部包含哪些数据和哪些方法，因此 JVM 不知道需要为 bike 实例分配多大内存。在为 bike 分配内存之前，JVM 必须先解析 SharedBike 类型的内部结构。JVM 通过读取 SharedBike 所对应的 SharedBikeKt.class 字节码文件进行解析，字节码文件是二进制流，以特殊的二进制格式存储 Kotlin 或者 Java 源码中所声明和定义的类的全部结构信息，包括类的属性（在 Java 中也叫作类的成员变量）、注解、方法等。

一个 class 字节码文件主要由以下 10 部分组成：

- MagicNumber
- Version
- Constant_pool
- Access_flag

- This_class
- Super_class
- Interfaces
- Fields
- Methods
- Attributes

这些数据的类型和长度都是不同的，用一个数据结构可以表示为如下形式：

```
ClassFile {
    u4 magic;
    u2 minor_version;
    u2 major_version;
    u2 constant_pool_count;
    cp_info constant_pool[constant_pool_count-1];
    u2 access_flags;
    u2 this_class;
    u2 super_class;
    u2 interfaces_count;
    u2 interfaces[interfaces_count];
    u2 fields_count;
    field_info fields[fields_count];
    u2 methods_count;
    method_info methods[methods_count];
    u2 attributes_count;
    attribute_info attributes[attributes_count];
}
```

其中，u2 表示两个字节的无符号整数类型，u4 表示 4 个字节的无符号整数类型，其他以此类推。

下面对这些字节码元素类型进行简单说明。

1. MagicNumber

MagicNumber 即魔数，用于标识 class 文件，每一个 class 字节码文件的最前面 4 个字节都是魔数。魔数的值固定为 0xCAFEBABE。注意，这是一个十六进制数，并非字符串"CAFEBABE"，其对应的二进制数是 11001010 11111110 10111010

10111110B，一共占 32 位即 4 字节。JVM 虚拟机加载 class 文件时会先检查这 4 字节，如果发现其值不是 0xCAFEBABE，则认为这不是字节码文件而拒绝加载，以防止程序出现异常。

2. Version

Version 字段用于描述当前 class 文件的主版本号和次版本号，主版本号即 Major Version，次版本号即 Minor Version。这两个版本号分别使用一个两字节宽度的整数表示，因此 version 一共占 4 字节。JVM 虚拟机一直在增加新的特性和功能，因此其版本号会不断增加，但是 JVM 遵循向前兼容的原则，因此高版本的 JVM 可以加载低版本的 class 字节码文件，但反之就不行。

如果使用高版本的 JDK 编译 Java 程序，而使用低版本的 JRE 执行 class file，则 JVM 会抛出类似于 "java.lang.UnsupportedClassVersionError: Unsupported major.minor version 50" 这 样的异常。

3. 常量池(Constant_pool)

魔数与版本号之后便是常量池信息。

常量池里存放的主要是字面常量和符号引用，例如你声明了一个字符串变量并为其赋初值，则常量池里会存放该变量的名称、类型全限定名、字符串变量的值。JVM 加载某个类所对应的字节码时会进行"链接"，在链接的过程中，JVM 会将这些常量全部拼接起来，从而在运行期完成对变量定义和方法声明的识别和处理。

4. Access_flag

该字段主要用于保存当前类的访问权限。在 Kotlin 中，如果没有访问标识符，则类的访问权限默认都是 public。

5. This_class

该字段主要用于保存当前类的全限定名在常量池里的索引。

6. Super_class

该字段主要用于保存当前类的父类的全限定名在常量池里的索引。

7. Interfaces

该字段主要用于保存当前类实现的接口列表，包含两部分内容：

- 实现的接口数量
- 实现的全部接口的全限定名称

8. Fields

该字段主要用于保存当前类的成员列表，包含两部分的内容：

- 类成员数量。对于 Kotlin 而言就是类属性数量。
- 类成员变量的详细信息列表，包括属性名、数据类型、访问权限、注解等信息。

9. Methods

该字段主要用于保存当前类的方法列表，包含两部分的内容：

- 类方法数量。
- 类方法的详细信息列表，包括方法名、签名、返回值、注解、字节码等信息。

10. Attributes

该属性存储类、字段或方法的一些额外信息，是字节码中保留扩展性的一个地方。字节码文件都会保存这样一个信息：该字节码文件的原始文件名称。Java 和 Kotlin 源文件都会被编译成字节码文件，当开发者试图使用逆向工程来反编译字节码时，获取字节码的源文件名和格式就非常有用。

无论 Kotlin 的源程序逻辑如何千变万化，最终 JVM 都使用这固定的十大属性来描述源程序中的信息和逻辑。当在运行期需要实例化某个 Kotlin 类型时，JVM 便会从对应的字节码文件中解析出这十大属性。解析出来的属性会被组装成 JVM 内部的对象，这些对象被称为"类元信息"，类元信息就存储在 JVM 内存的"方法区"。

JVM 在启动期间，会预先分配一块内存空间作为方法区（到 JDK 8 不会再预分配，而是直接从物理内存中分配），如果程序一直加载新的类型，并且这些类型一直被引用，则方法区的内存空间会被耗尽，从而使 JVM 崩溃。

下面通过示例程序来演示这一点。

清单：SharedBike.kt

功能：类元信息存储溢出

```kotlin
/**
 * 自定义类加载器
 */
class MyClassLoader(var classPath:String) : ClassLoader() {
    override fun loadClass(name: String): Class<*>? {
        var classData = getData(name)

        /**
         * 由于 Java 中所有的类都默认继承自 Java.
         * lang.Object 顶级父类, 在 defineClass()
         * 内部会先加载父类, 但是在用户指定目录
         * 并没有 java.lang.Object 等类, 因此需要
         * 由 java.lang.ClassLoader 通过双亲委
         * 派机制加载核心类库
         */
        if(classData.size === 0){
            return super.loadClass(name)
        }
        return defineClass(name, classData, 0, classData.size)
    }

    /**
     * 获取类字节码二进制流
     */
    fun getData(className:String):ByteArray{
        var path = classPath +
File.separatorChar+className.replace('.',
File.separatorChar)+".class";
        var file = File(path)
        if(!file.exists()){
            return ByteArray(0);
        }
        var fis = FileInputStream(path);
        var stream = ByteArrayOutputStream();
```

```
        var buffer = ByteArray(1024);
        var num = fis.read(buffer);
        while(num !=-1)
        {
            stream.write(buffer,0,num);
            num = fis.read(buffer)
        }
        return stream.toByteArray();
    }
}
```

本示例定义了一个类加载器，继承自 java.lang.ClassLoader，并重写了 loadClass(String)方法。众所周知，java.lang.ClassLoader.loadClass(String)接口实现了双亲委派机制，如果从当前的类加载器中加载不到目标类，便自动通过其上一级加载器进行加载，从而保证 String、Long 等类库中的核心类型不会被开发者自定义的同名类型所覆盖。而本示例中的自定义类加载器重写了 loadClass(String)方法，抹去了原本的双亲委派机制，改为直接从文件中加载类，这样每次都会重新加载一次。

有了这个加载器，接下来便可以演示由于类元信息的重复内存分配而导致的方法区溢出，从而间接证明 JVM 会存储类元信息。示例程序如下。

清单：SharedBike.kt

功能：间接证明 JVM 对类元信息的内存分配

```
fun main(args:Array<String>){
    var k = 0
    var list = arrayListOf<ClassLoader>()
    while(1>0){
        k++
        println("k=$k")

        try{
            var mcl = MyClassLoader("/Users/fly/myproject")
            if(mcl == null){
                continue
            }
            var klass = mcl.loadClass("SharedBike")
            list.add(mcl)
            var bike = klass.newInstance()
```

```
    }catch(e:Throwable){
        println(e)
    }
  }
}
```

在这个测试程序中，通过循环不断创建新的类加载器，每次都使用新的类加载器实例加载 SharedBike 类。正常情况下，JVM 内部有去重机制，不会将同一个类反复加载到方法区，但是如果同一个类每次由不同的类加载器加载，并且类加载器打破了双亲委派机制，则 JVM 会认为加载的不是同一个类，结果会不断地在方法区加载 SharedBike 类元数据。

如果在 JDK 6 上跑本程序，则可以设置本程序的 JVM 参数如下：

```
-XX:MaxPermSize=8M
-XX:PermSize=8M
```

其中-XX:MaxPermSize 表示所允许的方法区的最大内存空间，这里设置为8MB。

注意，该程序在 while{} 循环外定义了一个 ArrayList，每次创建一个 MyClassLoader 后，就将 MyClassLoader 的对象实例放入 list 容器中，而每一个 MyClassLoader 实例都加载了一个 SharedBike 类元数据对象，这样便能阻止 GC 回收方法区的 SharedBike 类元数据，因为每一个 SharedBike 类元数据对象都被一个 MyClassLoader 对象实例所引用。

同时要注意，在本测试示例中，MyClassLoader 本身也会在方法区加载其对应的类元数据对象，但是由于 MyClassLoader 的类元数据对象都由 JVM 默认的系统加载器加载，因此 MyClassLoader 不会重复在方法区加载，毕竟 JVM 的系统加载器只有一个实例。关于类加载与系统加载器之类的话题，本书后续章节会详述。

运行该程序，几秒钟之后程序就会抛出如下异常：

```
Exception in thread "main" java.lang.OutOfMemoryError: PermGen
space
```

该异常表示方法区的内存空间已经被耗尽了。

通过该测试用例可以证明，Java 类的元数据都存储在方法区。

3.2.3 创建类实例

接着上面创建 SharedBike 实例的例子来讲，当 Kotlin 执行下面这行代码时：

```
var bike = SharedBike()
```

若是第一次执行，则 JVM 会先在方法区加载 SharedBike 类的元信息，这正是上一节所讲的内容。当 JVM 完成类元信息的加载后，才会真正为 SharedBike 创建类实例对象。

计算机得以执行逻辑运算的核心机制便是算法和数据结构，在面向对象的高级编程语言里，算法被抽象为函数或方法，而数据结构则是类内部各个字段或属性的有机组合。Kotlin 或 Java 等高级编程语言之所以被称为面向对象编程语言，主要是因为它们将函数和数据都统一封装成了类型。因此，JVM 在进行类型实例化时，需要同时考虑类内部函数和字段的内存分配问题。函数被编译后，就是一堆字节码指令，这些字节码指令在上一步（上一节所讲内容）便被存储在方法区（这也正是方法区的核心作用，方法区不存储函数指令，怎能对得起这个称号？），并且方法的指令在整个JVM 执行的生命周期中都不会发生改变，所以函数指令一旦存储到方法区就恒定不变，想来这也是 HotSpot 6 将方法区也叫作"永久代"（即 permGen 区）的原因。函数指令被存储在方法区，因此在类型实例化时，只需要考虑为类型内部的字段分配内存，所以，类的实例化的本质便是在 JVM 的堆区为类型内部的属性或成员变量分配内存空间。

如果你使用 C 或 C++等底层编程语言为数据分配内存，则需要自己计算数据类型所需的内存空间大小，并调用操作系统层面的 API 执行内存申请。如果是全局类型的数据，在使用完成之后需要自己手动释放为其分配的内存空间，如果忘记释放空间，最终程序会发生内存泄漏而崩溃，甚至导致整个物理机宕机。因此但凡涉及内存分配的事情，总是一件风险系数挺高的事。而在 Java 或 Kotlin 这些高级编程语言里，分配内存相当简单，直接使用一个 new 指令（Kotlin 连 new 关键字都省略了）就可以了，JVM 会自动计算类型实例所需要的内存空间大小，并且在对象被使用完之后，JVM 会在合适的时机自动释放出内存空间，防止内存泄漏。

JVM 在计算类型实例对象所需的内存空间大小时，需要综合考虑各种情况，包括父类字段内存空间、内存对齐、不同数据类型所需内存空间大小、字段重排等。

与 Java 类似，Kotlin 也主要包含以下几种数据类型：

- 引用类型，指向类实例
- Double，双精度型
- Long，长整型
- Float，浮点型
- Int，整型
- Short，短整型
- Byte，字节
- Char，字符

除了第一种"引用类型"外，其他几种数据类型都是 Kotlin 内建的基本类型。这些类型的每一种类型在内存中都会占据固定大小的空间，具体所占据的空间如表 3-1 所示。

表 3-1　Kotlin 中数据类型所占空间

数据类型	宽　　度
引用	64
Long	64
Double	64
Float	32
Int	32
Short	16
Byte	8
Char	1

虽然每一种数据类型都占据固定的内存大小，但是整个类型实例对象所占用的内存空间却并不是其内部各个字段所占内存空间大小之和，这是因为 JVM 为了节省内存空间，会对字段进行重排。

JVM 的字段重排会遵循如下原则：

- 将相同类型的字段组合在一起。

- 类属性按照如下优先级进行排列：长整型和双精度类型；整型和浮点型；字符和短整型；字节类型和布尔类型；最后是引用类型。这些属性都按照各自类型宽度对齐。

如果类型继承了父类，则类继承体系中的各个不同类之间的成员不能混合排列，而是首先按照上面规则 2 处理父类中的成员，接着才是子类的成员。

JVM 不仅会对字段进行重排，而且对整个类型实例所占的内存空间会进行对齐补白，从而让 CPU 快速寻址。

3.3 初始化

当一个类实例对象完成内存申请后，其内部各个字段的内存空间都是零值，除了那些在声明时就被赋初值的字段以外。随着程序逻辑的执行，相关字段都会不断被填充具体的数据。本节主要描述字段初始化相关的问题。

3.3.1 用构建器自动初始化

通过构建器对类型字段进行初始化，这是最常用的一种方式。这里所谓的构建器，就是指构造函数。

前文讲过，构造函数是一类特殊的函数，其最本质的作用是为类型申请内存。只不过由于其具备函数的特征——能够传递参数，因此设计者顺便为构造函数添加了一个额外功能——初始化类中的部分字段。

构造函数的一个特点是，函数名与类名保持完全一致！之所以会这么设计，很可能是为了避免开发者不知道怎么为构造函数取名字。试想，如果构造函数的函数名不与类名相同，那么开发者必须自己另外想一个名字，并且为了使这个函数与其他普通的函数区分开来，开发者必须给这个函数添加某个特别的属性，很可能是一种特殊的关键字，也可能是某个注解，等等。但是这些方式可能都没有构造函数来得这么直接：开发者不用为给构造函数取名字而费脑筋，而编译器也无须对其做太多特殊的处理。

关于 Kotlin 中构造函数的声明与使用，前文已有很详细的论述，这里不再赘述。

3.3.2 成员变量初始化

除了通过构造函数来填充类型成员变量的内存空间外，还可以在类型实例对象的使用过程中进行初始化。由于 Kotlin 属于面向对象的编程语言，所以在使用成员变量前必须先初始化。如果使用一个尚未初始化的变量，在编译期或运行期可能会出错。

在 Java 语言中，如果变量未经初始化就使用，某些情况下编译器能够检查出来，但是在某些情况下，编译器无法检查，只能在运行期抛出异常，如果开发者没有捕获到对应的异常，则可能会引起程序崩溃。如下面的例子：

清单：Initial.java

功能：变量初始化

```java
class Initial{
    public static void main(String[] args) throws Exception {
        int a;
        System.out.println("a="+a);
    }
}
```

本示例程序在函数内部定义了一个局部变量 a，声明时并未为其赋初值，接着就试图在终端打印其值。对于局部变量未被初始化而使用的情况，编译器能够捕捉到，因此编译器会报错。编译器之所以会报错，是因为其并不能"自我揣测"地输出变量类型的默认初始值，那样可能反而会误导使用者。

但是，如果是下面这个例子，编译器就检查不出来。

清单：Initial.java

功能：变量初始化

```java
class Initial{
    Integer a;
    private void print() {
        System.out.println("a="+a);
    }

    public static void main(String[] args) throws Exception {
        Initial initial = new Initial();
```

```
        initial.print();
    }
}
```

本示例中的变量 a 已经不是函数内部的局部变量,而变成了类的成员变量。这里 print() 函数也尝试打印未被初始化的成员变量的值。对于这种情况,编译器并不能检查出来成员变量 a 到底有没有被赋初值,因为有很多函数都可以对成员变量进行初始化,编译器对于这种复杂的情况根本就无能为力。如果在编译期检查不出来,那么在运行期很可能就会抛出异常。虽然运行本例,会输出结果"a=0",但是如果尝试调用其方法,在运行期就会抛出空指针异常,例如在 print() 函数中执行如下指令:

```
private void print() {
    System.out.println("a="+a.intValue());
}
```

当程序复杂到一定程度时,这种错误出现的概率大大提高。为了避免这种情况,Kotlin 找到了比较好的解决办法,这个办法在前文讲过,就是在声明变量类型时就强制指定其是否能够为空。前文以 Animal 类举例进行了说明,这里再次拿它举例。

清单:Animal.kt

功能:类属性初始化

```
class Animal(){
    var name : String? = null

    fun print(){
        println("name22="+name?.get(0))
    }

    fun main(args:Array<String>){
        var animal = Animal()
        animal.print()
    }
}
```

在本示例中声明了类属性 name,并标记其值可空。在 main() 函数中直接实例化 Animal 类并调用其 print() 方法,此时类属性 name 并未被初始化,但是 print() 函数依然能够正确无误地通过执行 name?.get(0) 来使用 name 属性,而不会在运行期抛出异常。这是因为 name?.get(0)会被编译器解析成如下逻辑：

```
if(name == null){
    return null
} else{
    return name.get(0)
}
```

由此可见，Kotlin 在调用类方法时，如果在实例对象名称后面带个问号"?"，就能让开发者不用再对类属性进行空判断。而事实上，这种写法已经在语法层面做了强制校验，如果在声明类属性时就允许其为空，那么在调用类属性的函数时，在属性名称后面加个问号是必须的，否则编译器就会报错。

当然，如果你在声明类属性 name 时觉得在 String 类型后面带个问号"?"很麻烦而省掉它，那么对不起，这表示这个属性不能为空，必须在声明时就赋初值，或者在构造函数中赋初值。同时，在程序运行的过程中，任何地方都不能出现将其重新设置为 null 的情况。例如下面的情况是不允许的：

```
class Animal(){
    var name : String = "john"

    fun print(){
        name = null
        println("name22="+name?.get(0))
    }
}
```

编译器会检查出 print()函数为 name 赋空值的语义，并报错，从而阻止开发者"犯错"。

3.3.3　init{}初始化

类属性在使用之前必须初始化，这是一条重要的准则，否则在运行期很容易导致程序崩溃。除了通过构造函数在类型实例化的时候就进行初始化外，Kotlin 还提供了一种机制，可以让类属性在被使用之前获得一次被初始化的机会，这种机制就是 init。如下例所示。

清单：Animal.kt

功能：init 初始化

```
fun main(args:Array<String>){
    var animal = Animal()
    animal.print()
}

class Animal(){
    var name : String? = null

    init{
        name = "john"
    }

    fun print(){
        println("name="+name.get(0))
    }
}
```

在本示例中定义了类属性 name，声明时将其赋值为空。但是在 init{}块中为其赋初值，因此在 mamin()测试用例中，在实例化 Animal 类之后，就能直接调用 animal.test() 方法使用 name 属性。运行本示例程序，输出结果如下：

```
name=john
```

本章说了很多次类属性的"使用"，貌似一直没解释究竟什么叫作"使用"。一个类属性必然包含在类型之中，因此，要想"使用"类属性，必然先实例化类型对象。只有类型被实例化之后，其他例程才能通过调用类型对象的某些接口方法，间接地操作类属性。这种操作主要包括两种：一是读，二是写。不管读还是写，都属于"使用"，这些都必然发生在类型被实例化之后。因此，只要在类型被实例化之后，不管何时、调用什么接口函数对类属性进行读写，都是"使用"。

由于"使用"发生在类型被实例化之后，所以为了能够安全地使用类属性，人们总是希望能够在类型实例化的同时就能将类属性进行初始化，赋初值，这样后面无论何时"使用"，都不用担心类属性是否为空。Kotlin 除了提供自定义的构造函数让开发者可以在调用构造函数时就能初始化类属性外，也提供了 init{}块机制，使用该机制同样能够在进行类型初始化的同时完成类属性的初始化。

而事实上，对于在 init{}中被赋值的类属性，Kotlin 并不会强制要求在声明类属性时就为其赋初值。还是上面的那个示例，我们改成下面这样也没有问题。

清单：Animal.kt

功能：init 初始化

```kotlin
fun main(args:Array<String>){
    var animal = Animal()
    animal.print()
}

class Animal(){
    var name : String
    var height:Int

    init{
        name = "john"
    }

    fun print(){
        println("name="+name.get(0))
    }
}
```

本示例在声明类属性 name 时并没有为其赋初值，但是由于在 init{}块中对其进行了赋值操作，因此 Kotlin 编译器并不会报错。

为了对比，可以另外再声明一个类属性，但是在 init{}中不包含对其进行赋值的操作，如下面的示例。

清单：Animal.kt

功能：init 初始化

```kotlin
class Animal(){
    var name : String

    init{
```

```
        name = "john"
    }

    fun print(){
        println("name="+name.get(0))
    }
}
```

修改后的示例增加了一个 height 类属性，声明它时并没有初始化其值，结果编译器就提示错误了。

其实，Java 中也有类似的机制，并且实现比 Kotlin 更加简单，只需要使用{}括起来即可。例如下面的示例。

清单：Animal.java

功能：Java 类成员变量初始化

```
public class Animal(){
    private String name;

    {
        name = "john"
    }

    pubic void print(){
        System.out.println("name=" + name);
    }

    public static void main(String[] args) throws Exception {
        Animal animal = new Animal();
        animal.print();
    }
}
```

注意，本示例中的 Animal 类是一个 Java 类，该类声明了成员变量 name，接着在{}块中对其赋初值。运行本示例程序，输出结果如下：

```
name=john
```

这说明在调用构造函数初始化 Animal 类时，其内部的成员变量会同时被初始化，从而确保在使用它们之前它们不是空值。

3.3.4 声明时初始化

除了在构造函数或者 init{}块中对类属性进行初始化之外，在声明时就直接初始化是一种更加直接的方式。

对于简单变量类型的类属性，在声明时可以直接使用一个常量作为初始值，例如：

```
public class Animal(){
    private String name = "john"
}
```

如果一个类属性不是简单变量类型，则可以在声明时直接将其实例化。

清单：Animal.kt

功能：声明时初始化类属性

```
class Animal(){
    var name : String
    var child = Animal()

    init{
        name = ""
    }

    fun main(args:Array<String>){
        var animal = Animal()
    }
}
```

本示例中的 child 类属性变量，在声明时就直接对其进行了实例化，Kotlin 保证在完成 Animal 类实例化的同时，就将其 child 属性也初始化完毕。运行本示例，猜猜结果会怎样？

没错，程序竟然崩溃了！

程序崩溃时，会输出如下异常信息：

```
Exception in thread "main" java.lang.StackOverflowError
    at Animal.<init>(Animal.kt:5)
```

```
    at Animal.<init>(Animal.kt:5)
    at Animal.<init>(Animal.kt:5)
    at Animal.<init>(Animal.kt:5)
    at Animal.<init>(Animal.kt:5)
    at Animal.<init>(Animal.kt:5)
    at Animal.<init>(Animal.kt:5)
    at Animal.<init>(Animal.kt:5)
    at Animal.<init>(Animal.kt:5)
    at Animal.<init>(Animal.kt:5)
    at Animal.<init>(Animal.kt:5)
    at Animal.<init>(Animal.kt:5)
    ......
```

从该输出可以看出，异常主要是堆栈溢出导致的。

堆栈为啥会溢出呢？很简单，是因为在声明 child 属性时直接对其进行了实例化，而要完成 Animal 类型的实例化，必须先完成其 child 属性的实例化，而 child 属性又是一个 Animal 类型，于是实例化 child 属性时又要实例化 Animal，而要完成 Animal 类型的实例化，必须先完成其 child 属性的实例化，结果形成死循环，导致实例化函数一直被嵌套调用,当方法调用的层次太深时,堆栈自然就会溢出。由此也可以证明：

如果类属性在声明时被初始化，则当类型被初始化时，必须先进行类属性的初始化。

无论在 Kotlin 还是在 Java 中，声明类属性（或成员变量）时，也可以通过调用函数进行初始化，例如下面的示例。

清单：Animal.kt

功能：声明类属性时初始化

```
fun getName():String{
    return "john"
}

class Animal(){
    var name : String = getName()
    var child = Animal()

    init{
```

```
        name = ""
    }

    fun main(args:Array<String>){
        var animal = Animal()
    }
}
```

本示例在声明 name 属性时，直接调用了 getName()方法，并将返回值作为 name 属性的初始值。

3.3.5 初始化顺序

前面讲了在 Kotlin 中初始化类属性的各种方式，归纳起来，主要包括 3 种：

- 通过类构造函数进行初始化。
- 通过 init{}块进行初始化。
- 声明时初始化。

这三种方式都能对同一个类属性进行初始化，那么假如在程序中同时使用这 3 种方式对同一个类属性进行初始化，并且初始化为不同的值，那么最终类属性的值应该是准呢？

在揭晓答案之前，先看下面这个示例。

清单：Animal.kt

功能：初始化顺序

```
fun main(args:Array<String>){
    var animal = Animal("name_from-constructor")
    animal.test()
}

class Animal(){
    //声明时初始化
    var name : String = "name_from-declare"

    //在构造函数中初始化
    constructor(name:String):this(){
```

```
        this.name = name
    }


    //在init{}块中初始化
    init{
        name = "name_from-init"
    }

    fun test(){
        println("name="+name)
    }
}
```

本示例通过 3 种方式同时对 name 这个类属性进行赋值,每次所赋的值都不一样。运行本程序,最终输出结果如下:

```
name=name_from-constructor
```

通过输出结果可以看出,最终 name 值为在构造函数中的赋值,这至少说明构造函数在最后执行。

为了进一步弄清楚这 3 种初始化方式的顺序,对上面示例稍加改造,加上打印语句对运行过程进行跟踪记录。改造后的程序如下。

清单: Animal.kt

功能: 初始化顺序

```
fun main(args:Array<String>){
    var animal = Animal("name_from-constructor")
    animal.test()
}


class Animal(){
    //声明时初始化
    var name : String = getName()

    //在构造函数中初始化
    constructor(name:String):this(){
        println("constructor...")
```

```
        this.name = name
    }


    //在init{}块中初始化
    init{
        name = "name_from-init"
        println("init....")
    }

    fun test(){
        println("name="+name)
    }
}

fun getName():String{
    println("declare...")
    return "name_from-getName()"
}
```

再次运行程序，输出结果如下：

```
declare...
init....
constructor...
name=name_from-constructor
```

从该输出结果可以证明，Kotlin 中类属性的初始化顺序依次如下：

1. 声明时初始化。

2. 在 init{}块中初始化。

3. 构造函数初始化。

事实上，之所以是这样一种顺序，与 JVM 虚拟机实例化对象的总体策略或顺序有关。以本例为例，当 JVM 实例化 Animal 类时，会依次执行如下逻辑：

1. 在类路径下找到 Animal.class。

2. 在 JVM 的 heap 内存区域（即堆区）为 Animal 实例分配足够的内存空间。

3. 将 Animal 实例内存空间清零，将其实例对象内的各个基本类型的字段都设置为对应的默认值。

4. 如果字段在声明时进行了初始化，则按顺序执行各个字段的初始化逻辑。

5. 如果定义了 init{}块，则执行 init{}块中的逻辑。

6. 如果定义了构造函数，则执行构造函数中的逻辑。

正是因为 JVM 有这样的一套类型实例化步骤，所以初始化类属性时才会按照上面所演示的顺序执行。

对于 JVM 的这种初始化策略，要注意两点：

- 如果有多个类属性都在声明时被进行了初始化，则 JVM 会按照源码中的声明顺序逐个进行初始化。
- 声明时初始化、构造函数初始化和 init{}块初始化的顺序是固定不变的，与源码中的定义顺序无关。

第一点很好证明，看下面的示例。

清单：Animal.kt

功能：类属性声明时初始化顺序

```kotlin
fun main(args:Array<String>){
    var animal = Animal("name_from-constructor")
    animal.test()
}


fun getName():String{
    println("declare name...")
    return "name_from-getName()"
}
fun getHeight():Int{
    println("declare height...")
    return 3
}

class Animal(){
```

```
//先声明 height 再声明 name
var height:Int = getHeight()
var name : String = getName()

constructor(name:String):this(){
    this.name = name
    println("constructor...")
}

init{
    name = "name_from-init"
    println("init....")
}

fun test(){
    println("name="+name)
}
}
```

本示例中的两个属性都在声明时被进行了初始化，在本示例中先声明 height 属性再声明 name 属性，运行程序，输出如下：

```
declare height...
declare name...
init....
constructor...
name=name_from-constructor
```

从打印结果可以推断出，JVM 虚拟机先执行了 height 的声明时初始化逻辑，再执行 name 的声明时初始化逻辑。有兴趣的读者可以将 height 和 name 两个属性的声明顺序进行对调，看看结果会是什么。

虽然类属性的声明时初始化顺序会与源码中的声明顺序有关，但是声明时初始化、构造函数初始化和 init{} 块初始化的顺序是固定不变的，与源码中的定义顺序无关。将上面这个 Animal 的示例稍加修改，例如下面的示例。

清单：Animal.kt

功能：声明时初始化、构造函数初始化和 init{} 块初始化顺序

```
class Animal(){
```

```
constructor(name:String):this(){
    this.name = name
    println("constructor...")
}

var height:Int = getHeight()
var name : String = getName()

init{
    name = "name_from-init"
    println("init....")
}

fun test(){
    println("name="+name)
}
}
```

本示例故意将构造函数和类属性声明的顺序进行了对调,但是输出的结果没有任何变化,仍然是先执行类属性的声明时初始化逻辑,全部执行完成之后才会执行构造函数的初始化逻辑。

3.4 类成员变量

"类成员变量"这个术语是 Java 里面的,是指定义在类型里面、函数外面的变量。在 Kotlin 中,这类变量也属于类型的成员要素,但是在 Kotlin 中,并不称其为"类成员变量",而是统一叫作"属性",因此本节标题显得并不是那么合适。不过概念并不是那么重要,Kotlin 对这些变量设置了一些比较有意思的规则,这些规则包括变量初始化、属性包装等。

3.4.1 赋初值

在 Java 语言中,可以直接声明变量而不需要为其赋初值,如下:

```
public class Animal{
    private String name;
    private Integer height;
```

```
    }
```

如果将这段 Java 程序翻译成 Kotlin 程序，变成如下形式：

```
class Animal{
    var name : String
    var height : Int
}
```

你会发现，编译器报错了，编译器会提示你：

```
Property must be initialized or be abstract
```

编译器提示得很清楚：属性必须被初始化，或者属性必须被 abstract 关键字修饰。编译器报错的原因是，Kotlin 对于类成员变量有一条很硬性的规定：不能声明了变量而不初始化它。

在 Kotlin 中，正确的声明变量的方式有以下几种。

（1）声明并赋值

对于字符串，一般赋初值为空。对于 Int 数字类型，赋初值为 0，如下：

```
class Animal{
    var name : String = ""
    var height : Int = 0
}
```

赋初值后编译器自然不会报错。

（2）赋初值为 null

在 Kotlin 中赋初值为 null 并不像 Java 中那样直接设置为 null，而是必须写成下面这种形式：

```
class Animal{
    var name : String? = null
    var height : Int? = null
}
```

这种写法表示这两个变量可以为空。注意，不能直接这样写：

```
class Animal{
    var name : String = null
```

```
    var height : Int = null
}
```

（3）强制设置为 null

形式如下：

```
class Animal{
    var name : String = null!!
    var height : Int = null!!
}
```

（4）使用 abstract 修饰变量

这种情况必须得有一个前提，那就是属性所属的类型也必须是 abstract，即虚类。假设上述例子中的 Animal 是个虚类，则可以使用 abstract 修饰其属性，并且可以不赋值，如下：

```
abstract class Animal{
    abstract var name : String
    abstract var height : Int
}
```

现在这种写法最像 Java 了，可是必须使用 abstract 修饰。

（5）声明构造函数和初始化块

直接给出一个示例，如下：

```
class Animal(name: String, height: Int){

    var name : String
    var height : Int

    init{
        this.name = name
        this.height = height
    }
}
```

但是这种方式却有其他限制，例如不能有其他属性被强制赋值为空。如果将上面的例子改成如下这样：

```
class Animal(name: String){

    var name : String
    var height : Int = null!!

    init{
        this.name = name
    }
}
```

现在在 Animal 类中，height 属性被强制赋值为 null，结果编译器就报错了，仍然提示必须初始化 name。

通过上面这 5 种情况的举例可以看出，Kotlin 对属性变量的这种非空控制，导致属性声明时的赋初值变得比 Java 更加麻烦。这里有两个问题值得思考：

（1）除去上面第 4 和第 5 这两种写法外，前面 3 种写法分别有啥优点和缺点？

（2）Kotlin 的属性在声明时必须赋初值的这种规定所带来的红利是啥？

首先回答第一个问题。对于第一种写法，例如将 String 类型的属性赋初值为空字符串，这种方式除了保证当 Java 虚拟机在加载类型时就为属性分配原始值之外，编译器对其也会有感知，具体的交互就是（仍然以 String 类型为例）：

一旦属性被赋初值（非空），则编译器不允许再将这个属性赋值为 null，甚至连 String?类的变量都不能传值。例如：

```
class Animal{
    var name : String = ""
    var height : Int = null!!

    fun test(){
        name = null
    }
}
```

在本示例中，声明属性 name 时为其赋了初值，虽然是一个空字符串。在 test() 函数中，试图为其再赋一个空值，结果编译器就报错了，这说明 Kotlin 编译器专门针对对象是否为空进行了静态期检查和校验。

下面再看一个例子，进一步感受下 Kotlin 编译器的非空校验：

```
class Animal(name: String){
    var name : String = ""
    var height : Int = null!!

    fun test(){
        var tmp : String? = "dog"
        name = tmp
    }
}
```

在本例中，属性 name 被声明为非空字段。在 test() 函数中，尝试将一个允许为空的变量 tmp 的值赋给 name 属性，结果编译器仍然报错，不过这种报错比较有趣，具体报错信息如下：

```
Type mismatch
required:    kotlin.String
found:       kotlin.String?
```

编译器直接将"String"与"String?"当作两种不同的类型，这两种类型之间不能直接转换。

当一个变量或属性被声明为 String?可空类型时，不能直接调用变量/属性对象实例的任意方法。例如在上面的例子中，test()方法中的 tmp 变量被声明为 String?类型，若在 test()中添加一行代码：

```
fun test(){
    var tmp : String? = "dog"
    printf(tmp.length)
    }
```

新增的代码尝试打印 tmp 字符串的长度，结果编译器也会报错，提示这个变量不是空安全的，不能调用一个返回值为空的方法。

既然 Kotlin 编译器对空字段进行了如此严格的校验，那为何在上面所举的第 5 种情况（即定义初始化块）下，却允许不为属性赋初值呢？其实 Kotlin 并没有忽视这种场景，Kotlin 将静态期的空检查延迟到了执行期去做。还是上面 Animal 的示例，为其定义初始化块如下：

```
class Animal(name: String, height: Int){
    var name : String
    var height : Int

    init{
        this.name = name
        this.height = height
    }
}
```

编译后使用 Javap -v 命令分析编译所产生的 class 字节码文件，发现 Kotlin 会为 Animal 类生成一个构造函数，该构造函数带有两个入参，构造函数内容如下：

```
public Animal(java.lang.String, int);
    descriptor: (Ljava/lang/String;I)V
    flags: ACC_PUBLIC
    Code:
      stack=2, locals=3, args_size=3
        0: aload_1
        1: ldc            #44                    // String name
        3: invokestatic #23                      // Method
kotlin/jvm/internal/Intrinsics.checkParameterIsNotNull:(Ljava/lang
/Object;Ljava/lang/String;)V
        6: aload_0
        7: invokespecial #46                     // Method
java/lang/Object."<init>":()V
        10: aload_0
        11: aload_1
        12: putfield      #11                    // Field
name:Ljava/lang/String;
        15: aload_0
        16: iload_2
        17: putfield      #29                    // Field height:I
        20: return
```

可以看出，Kotlin 编译器自动生成的构造函数的指令数量非常大，而其实我们编写的源码非常简单，没有任何逻辑，这说明编译器自动往里插入了额外的逻辑。观察这段字节码指令，其中偏移量为 3 的指令为：

```
invokestatic  #23
```

该指令的含义是调用函数，所调用的目标函数为：

```
kotlin.jvm.internal.Intrinsics.checkParameterIsNotNull(java.la
ng.Object, java.lang.String)
```

顾名思义，该函数执行空校验，如果入参为空，则直接抛出异常。因此如果在运行期通过该构造函数来实例化一个 Animal 类，但是若为构造函数的第一个入参 name 传递一个 null 值，则程序直接抛出异常并退出。其实，若在源码中显式调用该构造函数来实例化 Animal 类，Kotlin 仍然会执行空校验，如下所示：

```
fun main(args:Array<String>){
    var animal = Animal(null, 3)
}
```

在这里，故意给 Animal 构造函数的第一个入参传递了 null 值，结果 Kotlin 仍然会校验出来并报错。由此可见 Kotlin 的强大和严密，并且可以看出这门编程语言对空指针是多么地深恶痛绝！

既然 Kotlin 都已经对空指针校验到这份儿上了，那么编译器在构造函数中自动插入的空校验指令还有何意义呢，岂非多此一举？其实并不是这样，因为类的实例化方式有很多种，并不一定要显式调用构造函数来实例化，也可以通过反射来完成。若是后者，则 Kotlin 再强大，也无法做到在静态编译期就能检查出空值问题，因此编译器"偷偷"地往构造函数里插入判空逻辑就显得很有必要。

由此可见，编译器对属性和变量的非空校验是相当严格的，这种校验体现在静态编译期和运行期两个阶段，即使通过定义构造函数和初始化块可以躲过编译期的空指针校验，也逃不过运行期的检查。要么将空指针异常扼杀在摇篮里（对应静态编译期），要么就在起跑线上拦截（对应构造函数执行）。

很多时候，简单粗暴，也是一种美。

既然 Kotlin 的属性声明必须赋初值是为了空指针安全，那么这究竟会带来什么好处呢？现在我们可以回答上面所提出的第二个问题了——Kotlin 规定属性声明时必须赋初值所带来的红利究竟是啥？

有过 Java 开发经验的道友应该都遇到过 NullPointerException 异常（简写为 NPE），因此为了防止运行时抛出这类异常，开发 Java 程序时都必须对关键字段进行显式的空校验，例如对于一个字符串类型的变量 str，通常的校验逻辑写法如下所示：

```
if(null != str && !str.equals("")){
//......业务逻辑
}
```

如果 Java 程序不对关键字段进行空校验，则很可能程序会在运行期因为空指针而抛出异常甚至崩溃，所以有经验的 Java 程序员都会为程序编写大量的空校验逻辑，或者使用校验框架所提供的注解功能对关键字段进行标注。这导致应用程序中充斥着大量的与业务无关或者与业务关系不大的代码逻辑。同时，空指针校验已经成为 Java 程序员挥之不去的一种"噩梦"，可能一不小心，就忘记了一个判空，从而犯下一个低级错误。而 Kotlin 这种严格的空指针校验机制，终于让程序员能够摆脱这种梦魇，业务代码中再也不需要加入大量与业务逻辑无关的各种判空逻辑，因为如果一个 Kotlin 变量允许空值存在，则 Kotlin 根本不允许调用该变量类型的任何方法，这在上面的示例中有演示，这便是 Kotlin 带给程序员们的红利。

这里有个问题：既然 Kotlin 不允许再为非空字段赋 null 值，并且对于可空类型的字段，在编译期不能直接调用其方法，那么如果一个字段被声明为可空类型，例如字符串类型的变量被声明为 String?类型，在声明变量时确实不能赋任何值，那么在运行期，Kotlin 如何确保能够安全地使用该变量？为此，Kotlin 提供了一种机制，那就是 let 语法糖。还是以 Animal 为例说明。

清单：Animal.kotlin

功能：演示 Kotlin 的 let 语法糖

```
class Animal(){
    var name : String? = null
    var height : Int? = null

    fun test(){
        name?.let{
            println("name=$name")
        }
    }
}
```

```
fun main(args:Array<String>){
    var ani = Animal()
    ani.test()
}
```

在本示例中，在声明类成员变量 name 时为其赋初值为 null，但是在 test 方法中却要打印 name 属性的值，如果在 Java 中，程序一定会在运行期抛出 NPE（空指针异常）。本示例为了防止这种情况出现，使用 name?.let{}这种写法，这样在运行期程序就不会报错。程序之所以不会抛出异常，完全是因为编译器针对 let 语法糖做了特殊的处理，后文中会对此进行讲解。

笔者认为，let 语法糖是 Kotlin 的一个非常具有特色的创新，与 Java 中的非空校验思路完全相反，但是效果却非常好。在 Java 中，声明变量时可以不赋值，可以赋为空值，也可以赋一个有意义的初值，但是不管哪种情况，在使用变量时，必须进行判空处理，否则谁也不能保证在运行期这个变量的值是不是为空，万一为空就会抛出大量的异常，如果程序没有捕捉到这种 NPE 异常，会直接崩溃。而在 Kotlin 中，从变量声明的时候就开始“斤斤计较”，如果将变量声明为非空字段，那就必须为其赋初值，并且在运行期不能再被赋为空值，这样在使用时可以随便使用，不需要进行任何空校验；而如果将变量声明为可空字段，则不能直接使用，而是要在 let{}块中使用，这个 let{}块表示该变量的值允许为空时，开发者仍然能够使用它！let{}语法糖转变了判空的主角，在 Java 中，变量是被动地被开发者所关注，开发者要去主动添加判空逻辑，如果不加，那就可能会在运行期错给你看。而 Kotlin 则化被动为主动，如果一个变量被声明为可空类型，开发者只需要使用 let{}块包装一下就可以安全地使用该变量。其中关键的一点是，let{}块可以像变量的方法一样被调用，但必须添加变量前缀，表示是变量"允许"你这么写，所以 let{}块与变量紧紧地绑定在一起，转变了变量的被动性，让变量看起来似乎拥有意识一样。

3.4.2 访问权限

Kotlin 中的顶级变量和类属性在默认情况下的访问权限都是 public，这一点与 Java 完全不同。在 Java 中，声明一个变量时，如果未加任何访问标识符，则默认它的访问级别为 private，外面无法直接访问到该变量。而 Kotlin 的设计哲学则完全相反，如果所声明的变量未加任何访问标识符，则直接视其为 public 的，外面可以直接使用它。

其实 Java 与 Kotlin 这两种设计哲学都无可厚非，Java 设计的出发点是要实现面向对象编程领域的完全封装特性，只有将变量的访问权限标记为 private，才能对外隐藏对象的属性，外面如果想要访问属性，必须通过属性的 get/set 方法或者提供的其他接口。

Kotlin 作为一门并非完全面向对象的编程语言，完全兼容 Java 的面向对象语言特性，那么为何 Kotlin 没有从 Java 这位"祖师爷"那里将"完全封装"这种特性继承过来呢？从表面上看，貌似 Kotlin 与祖师爷 Java 的做法完全相悖，但是从本质上看，其实是殊途同归，Kotlin 非但没有跟 Java 祖师爷"对着干"，相反是将祖师爷的绝活发扬光大。Kotlin 依然实现了完全的封装性，只不过通过特殊的语法糖巧妙地隐藏了这一点。这种特殊的"语法糖"就是属性访问器。

关于属性，前文进行了专门的讲解，Kotlin 的属性访问器与 C#中的属性访问器极其相似，Kotlin 很有可能借鉴了 C#的这一语法特性。从表面上看，在 Kotlin 的类中声明的变量，从外面可以直接访问，例如下面的示例。

清单：/Animal.kt

功能：演示 Kotlin 的访问权限

```kotlin
class Animal(){
    var name : String = "dog"
}

fun main(args:Array<String>){
    var ani = Animal()
    println("animal.name=${ani.name}")
}
```

在该示例中，在 Animal 类中声明并初始化了一个变量 name，在 main()函数中，可以直接通过 ani.name 这种方式访问 name 属性。如果站在 Java 程序员的角度看，这种写法一定不那么"名正言顺"，别人一定会指出这种写法完全失去了"封装"的意义，因为类的成员变量被直接暴露出去了，从外面可以直接看到，面向对象的封装性自然被打破。

但是，在 Kotlin 中，事情的真相并不是这样，因为你所写出来的，与编译后的效果并不是同一回事。在 Kotlin 中通过 ani.name 这种形式访问类成员变量时，最终都被编译器"偷偷摸摸"地改成通过调用属性的 get 访问器进行访问。同样，如果通过 ani.name="cat"这种方式为类成员变量赋值，最终也会被编译器"偷偷摸摸"地改成通过调用属性的 set 访问器进行写入。Kotlin 的源程序乍一看打破了面向对象的封装性，但是编译后，又具备完全的封装性，所以说 Kotiln 并没有跟 Java 祖师爷对着干。Kotlin 这么做，完全是为了让广大开发者少写一堆 get/set 接口，一切为了程序员，当然，源程序看上去也更加精简。

如果程序员想控制一个属性不对外暴露，只需要显式地为属性添加 private 访问标识，这样从外面便无法直接访问到它。

如果程序员只想对属性能写而不能读，该如何操作呢？要说清楚这一点，仍然需要从 Kotlin 属性的自动包装谈起。Kotlin 会为类中的属性自动添加 get/set 访问器，并且这两个接口默认都具有 public final 级别的访问权限。所以，如果程序员想分别控制属性的读和写权限，就需要改变属性的 get/set 接口方法的访问标识。在 Kotlin 中，属性的 get/set 接口方法是编译器自动生成的,开发者无法直接修改编译后的字节码，因此 Kotlin 允许开发者显式定义属性的 get/set 访问接口，一旦开发者显式定义了属性的 get/set 接口，则 Kotlin 编译器默认生成的 get/set 接口便会被覆盖，通过这种方式，开发者便可以自主定义 get/set 访问器的访问权限。

开发者通过显式定义的属性的 get/set 访问接口来精细控制属性的读/写权限。如果开发者不想让属性可写，只需要像下面这样做。

清单：Animal.kt

功能：自定义 Kotlin 属性的访问权限

```
class Animal(){
    public var name : String? = "dd"
        private set
}
fun main(args:Array<String>){
    var ani = Animal()
    println("animal.name=${ani.name}")
```

```
    ani.name="tony"
}
```

本示例将 Animal 的 name 属性的 set 访问器的权限设置为 private，但是 name 属性本身的权限被声明为 public，因此在 main()函数中可以打印出 name 属性值，但是当尝试通过 ani.name="tony"为 name 赋值时，编译器提示出错了。

注意，如果只想修改 set 访问器的访问权限，而不想修改其默认的实现逻辑，则只需要像本例那样，通过 "private set" 来设置，很精简，有没有！

不过，如果将本例反过来设置，变成如下这样。

清单：Animal.kt

功能：自定义 Kotlin 属性的访问权限

```
class Animal(){
    private var name : String? = "dd"
        public set
}
fun main(args:Array<String>){
    var ani = Animal()
    println("animal.name=${ani.name}")
    ani.name="tony"
}
```

现在在 main()函数中无论是访问 name 属性还是写入，编译器都报错，这是因为想要写入一个属性值，首先要具有对该属性的读取权限，都不能读，怎么写呢？当然在 Java 中是没有这个奇怪的限制的。

还有一种情况需要注意，get 访问器的权限与属性的权限保持一致，例如下面的示例。

清单：/Animal.kt

功能：自定义 Kotlin 属性的访问权限

```
class Animal(){
    public var name : String? = "dd"
        private get
}
```

```
fun main(args:Array<String>){
    var ani = Animal()
    println("animal.name=${ani.name}")
    ani.name="tony"
}
```

在本例中，name 属性被声明为 public 的，但是 get 访问器被设置为 private 的，编译器会报错。

3.5　数组

Kotlin 的大部分语法特性皆直接基于 Java，编写习惯没有太大的变化，而数组是一个例外。

在很多语言里，声明数组的方式几乎都一样，无论是定义还是使用皆使用方括号索引运算符，即[]。定义一个数组，只需在类型名后简单地跟随一对空方括号即可：

```
int[] arr;
```

在 Java 中，也可以将方括号置于标识符后面，如下所示：

```
int arr[];
```

这两种声明数组的方式效果是完全一样的。并且这种格式与 C 和 C++程序员习惯的格式也保持一致。

在 Java 或其他很多编程语言中，要实例化一个数组，可以通过以下格式：

```
int[] ar={1,2,3,4,5 };
```

这样就声明和初始化了一个包含 5 个元素的数组，并且数组的每一个元素都有初始值。

可以说，方括号“[]”几乎成了数组的一种惯用标识符，在很多编程语言里，只要看到方括号，就知道是在定义一个数组。然而，这种惯用的形式在 Kotlin 里被彻底打破。如果习惯了 Java、C 或者 C++等编程语言中的格式，很可能无法习惯 Kotlin 里数组的编程方式，虽然 Kotlin 所提供的其他大部分语言特性都很容易被人接受。

在 Kotlin 中并不使用方括号“[]”来表示数组，而是使用一个专门的类型来表示，这个类型就是 Array。即使如此，在 Kotlin 中，也没有统一的方式来定义一个数组类型，这是因为 Kotlin 提供了多种方式，并且每一种方式的功能边界都非常明确。

3.5.1 通过 Array 接口声明数组

其中，最简单的一种方式如下所示：

```
var asc = Array(3, {it -> 0})
```

这种方式声明了一个数组，其中 3 表示该数组包含 3 个元素，{it -> 0}中的 it 是 lambda 表达式中的关键字，在这里用以代替数组中每一个成员元素的下标。而 "{it -> 0}" 这种写法中，箭头 "->" 右边的部分则表示数组中当前下标所指的元素的值。在本例中，箭头右边的值为 0，因此 asc 数组中的 3 个成员元素的值都会被赋值为 0。同时，Kotlin 会自动推断 asc 数组的类型，Kotlin 会认为数组的每一个成员的类型都是 Int。为了证明这一点，可以编写下面的测试用例。

清单：KotlinArray.kt

功能：Kotlin 数组

```
fun main(args:Array<String>){
    var asc = Array(3, {it -> 0})

    for( i in asc.indices ){
        println("asc[$i]=${asc.get(i)}")
    }
}
```

在本示例中，首先定义了一个包含 3 个元素的数组，并且将每个元素都初始化为 0。接着对 asc 数组进行循环遍历，并打印出每一个元素的值，打印结果如下：

```
asc[0]=0
asc[1]=0
asc[2]=0
```

将该示例稍加修改，打印出每一个成员元素的数据类型。修改后的示例如下。

清单：KotlinArray.kt

功能：Kotlin 数组

```
fun main(args:Array<String>){
    var asc = Array(3, {it -> 0})

    for( i in asc.indices ){

        println("asc[$i]=${asc.get(i).javaClass.canonicalName}")
    }
}
```

现在通过元素的 javaClass 来获取其真实的数据类型。运行该程序，输出如下：

```
asc[0]=int
asc[1]=int
asc[2]=int
```

Java 中的 int 类型是基本类型，对应 Kotlin 中的 Int。由此可知，Kotlin 的确将数组成员的数据类型自动推断为 Int 型。

如果你不想让 Kotlin 自动推断类型，可以在声明数组变量时显式标记其成员元素的数据类型，如下：

```
var asc:Array<Int> = Array(3, {it -> 0})
```

Kotlin 中的 Array 并不是一个类，而是一个接口，其声明如下。

清单：kotlin/collections/Arrays.kt

功能：kotlin.Arrays 类

```
public inline fun <reified T> Array(size: Int, init: (Int) -> T):
Array<T> {
    val result = arrayOfNulls<T>(size)

    for (i in 0..size - 1) {
        result[i] = init(i)
    }

    return result as Array<T>
}
```

该程序位于 kotlin-runtime-sources.jar 包的/kotlin/collections/Arrays.kt 源程序中，但是其 package 却是 kotlin.Arrays，其类路径与源程序文件的相对路径并不一致。

该接口接受两个入参：第一个入参是 Int 类型，表示数组的元素数量；第二个入参是一个 init[]函数。

Array()接口有一个很不错的小功能，如果数组的成员元素都是数字并且数字与数组的下标有某种联系，则 Array()接口会很方便地定义出这样一种数组。例如，如果某个数组的元素从 10 开始按照步长为 1 的规律递增，则可以这样声明：

```kotlin
var asc:Array<Int> = Array(3, {it -> it+10})
```

如果在 Java 中，要声明这样一种数组，至少也得使用 for 循环并需要写多行代码才能完成。

同样，如果某个数组的成员元素的值是其下标的平方，则可以这样声明：

```kotlin
fun main(args:Array<String>){
    var asc:Array<Int> = Array(5, {it -> it*it})

    for( i in asc.indices){
        println("asc[$i]=${asc.get(i)}")
    }
}
```

该程序运行后输出如下结果：

```
asc[0]=0
asc[1]=1
asc[2]=4
asc[3]=9
asc[4]=16
```

该示例程序与下面这段 Java 程序对等：

```java
public class Array {
    public static void main(String[] args){
        int[] asc = new int[5];
        for(int it = 0; it < asc.length; it++){
            asc[it] = it * it;
        }
    }
}
```

根据此示例，各位道友可以理解 Kotlin 语法之简洁，同时体会 Array(size, init)接口中第二个入参的 it 这个下标的含义以及使用方法。

3.5.2 数组读写

其实在前面的示例中已演示了 Kotlin 中数组的读写，虽然 Kotlin 不支持通过方括号[]来声明数组，但是读写数组时却可以像其他编程语言那样，通过方括号和下标来读写。如下面的例子所示：

```
fun main(args:Array<String>){
    var asc:Array<Int> = Array(3, {it -> 0})

    asc[0] = 0
    asc[1] = 1
    asc[2] = 2

    for( i in asc.indices){
        println("asc[$i]=${asc.get(i)}")
    }
}
```

本示例同时包含对数组的读和写。注意在本例中读数组时，并没有直接通过asc[index]这种方括号加下标的方式来读，而是通过 asc.get(index)接口的形式。熟悉Java 的朋友，肯定知道这与访问一个列表的语法是一样的。不过 Kotlin 在读取数组时，也支持直接通过方括号加下标的方式。

对于 Kotlin 中这种数组的访问形式，其实可以追溯到 Kotlin 中数组的类型定义。

前面讲过，Array(size, init)接口是 Kotlin 声明数组的一种方式，但是 Kotlin 的确使用 Array 类型代表一个数组。Array 类型在 kotlin-plugin.jar 中定义，其类型定义如下。

清单：kotlin.Array.kt

功能：Array 类型定义

```
public class Array<T> private (): Cloneable {

    public operator fun get(index: Int): T
```

```
    public operator fun set(index: Int, value: T): Unit

    public val size: Int

    public operator fun iterator(): Iterator<T>

    public override fun clone(): Array<T>

}
```

对数组进行专门的类型定义，这是 Kotlin 别具一格的地方。要知道，在其他很多编程语言中，对于数组，通常都在编译阶段进行解释，在核心类库中并没有针对数组专门定义一种类型。但是，Kotlin 却专门使用 Array 这个类型来表示数组。

由定义可知，Array 类型实现了 Cloneable 接口，实现了 clone()接口方法。除此之外，在 Array 类内部重载了操作符 get 与 set，正是由于对这两个操作符的重载，使得 Kotlin 可以通过 get/set 方式对数组进行读写，毕竟 Kotlin 使用一个专门的类型来表示数组，而类型本来就是对数据和行为的封装，所以 Kotlin 支持对数组通过接口的形式进行访问也十分正常。上面的示例可以改成下面这种读写形式：

```
fun main(args:Array<String>){
    var asc:Array<Int> = Array(3, {it -> 0})

    asc.set(0, 0)
    asc.set(1, 1)
    asc.set(2, 2)

    for( i in asc.indices){
        println("asc[$i]=${asc[i]}")
    }
}
```

3.5.3 声明引用型数组

使用 Array(size, init)接口可以很方便地声明整数型数组，那么如果是引用型，该如何声明呢？下面的示例可以声明一个字符串型数组（即数组的成员元素都是字符串类型）：

```
fun main(args:Array<String>){
    var asc:Array<String> = Array(5, {it -> (it*2).toString()})

    for( i in asc.indices){
        println("asc[$i]=${asc.get(i)}")
    }
}
```

本例声明了一个字符串型数组,并将下标乘以 2 之后转换为字符串给数组元素赋值。

该程序输出结果如下:

```
asc[0]=0
asc[1]=2
asc[2]=4
asc[3]=6
asc[4]=8
```

如果要声明一个由自定义的类型组成的数组,又该如何声明呢?看下面的示例。

清单:Animal.kt

功能:引用类型数组

```
class Animal(){
    var height:Int = 0
    var name : String = "john"

    constructor(name:String):this(){
        this.name = "dog" + name
    }
}

fun main(args:Array<String>){
    var asc:Array<Animal> = Array(5, {it -> Animal(it.toString())})

    for( i in asc.indices){
        println("asc[$i]=${asc.get(i).name}")
    }
}
```

本示例首先定义了一个类型 Animal，其包含一个自定义的构造函数，该构造函数接受一个字符串型入参。在 main()函数中声明了一个数组 asc，其所有成员元素的数据类型都是 Animal。在 Array(size, init)接口中调用了 Animal 类的自定义构造函数初始化数组的每一个成员元素。运行该程序，输出结果如下：

```
asc[0]=dog0
asc[1]=dog1
asc[2]=dog2
asc[3]=dog3
asc[4]=dog4
```

为了进一步理解 Array(size, init)接口的使用方式，使用 Java 写一段对等的程序，如下：

```java
public class Array {
    public static void main(String[] args){
        Animal[] asc = new Animal[5];
        for(int it = 0; it < asc.length; it++){
            asc[it] = new Animal(it;
        }
    }
}
```

对比这个程序的 Kotlin 版本与 Java 版本，各位道友体会一下 Kotlin 的 Array(size, init)接口中的 it 用法。

不过，类似上面这个示例，也只有在某些特殊的算法中才可能会使用到，平时大部分程序都不可能存在如此巧合，恰好数组元素的取值与其下标之间有某种直接的内在联系。在实际应用中更多的场景是：声明数组时只知道元素数量，所以并不会直接实例化每一个成员元素。因此在声明数组时，根本不可能对每一个成员元素进行初始化，这时候数组的成员元素往往都是空值。这种情况该怎么办呢？其实也很简单，将它们都设置为空值即可，如下例所示：

```kotlin
fun main(args:Array<String>){
    var asc:Array<Animal?> = Array(5, {it -> null})

    for( i in asc.indices){
        println("asc[$i]=${asc.get(i)?.name}")
    }
```

```
}
```

在本示例中，在调用 Array(size, init)接口时，通过 "it -> null" 将数组的每一个成员元素都设置为空值。前文讲过，Kotlin 对于变量的空指针会进行严格的校验，因此这里既然决定将数组的成员元素都初始化为空值，则应该将数组成员类型声明为可空类型，因此声明数组时使用下面的形式：

```
var asc:Array<Animal?>
```

这里的问号不能省略。

本程序运行后的输出结果如下：

```
asc[0]=null
asc[1]=null
asc[2]=null
asc[3]=null
asc[4]=null
```

3.5.4　使用其他方式声明数组

在上面的示例中，想声明一个成员都为 Animal 引用类型的数组，但同时在声明时又不能对成员元素进行初始化，因此调用 Array(size, init)接口，将所有元素都初始化为 null。为了 "躲避" Kotlin 对空指针的强校验，将元素类型声明成了可空类型，即 "Animal?"。不过这种书写形式太过烦琐，而这种场景出现的频率又非常高，Kotlin 肯定不会错过对这种情况的改善，Kotlin 提供了 arrayOfNulls(size)接口。该接口被声明在 kotlin-plugin.jar 包中的 kotlin/Library.kt 文件中，其原型声明如下：

```
public fun arrayOfNulls<reified T>(size: Int): Array<T?>
```

通过该声明可知，该函数返回 Array<T?>，所返回的也是一个可空类型。

通过该接口，可以方便地声明一个只知道数组大小却不需要初始化成员的数组。使用该接口可以如下声明一个成员是 Animal 类型的数组：

```
var asc = arrayOfNulls<Animal>(5)
```

通过这种方式，便可以先声明数组再初始化其成员元素，如下面的示例：

```
var asc = arrayOfNulls<Animal>(5)
asc[0] = Animal()
```

```
asc[3] = Animal("dog")
```

通过 arrayOfNulls(size)接口也可以方便地声明基本类型的数组而不需要对其成员元素进行初始化，如下面的示例所示：

```
var ints = arrayOfNulls<Int>(3)
ints[0] = 3
ints[1] = 14
ints[2] = 15
```

本示例声明了一个成员类型是 Int 的数组，声明完之后才开始逐个初始化数组元素。

不过对于基本数据类型的数组，Kotlin 提供了专门的数组类型，这些类型包括：

- ByteArray
- CharArray
- ShortArray
- IntArray
- LongArray
- FloatArray
- DoubleArray
- BooleanArray

这些专门的数组类型被定义在 kotlin-plugin.jar 包中的 kotlin/Arrays.kt 源文件中。这几个类都实现了 Cloneable 接口，但是与 Array 类型完全没有任何关系，两者并不能进行等价关联。

通过这几个专门的数组类型，可以很方便地声明基本类型的数组，并能做到声明时无须初始化数组成员元素。下面是一个简单的示例。

清单：MyArray.kt

功能：基本数组类型

```
fun main(args:Array<String>){
    var ints = IntArray(3)
    ints[0] = 3
    ints[1] = 14
    ints[2] = 15
```

```
for( i in ints.indices){
    println("ints[$i]=${ints[i]}")
}
}
```

IntArray 与 Array 这两个类型之间没有任何继承关系，因此不能将它们等同看待。对上面这个示例稍加改造。

清单：MyArray.kt

功能：基本数组类型

```
fun main(args:Array<String>){
    var ints = IntArray(3)
    ints[0] = 3
    ints[1] = 14
    ints[2] = 15

    var intArray = arrayOfNulls<Int>(3)
    intArray = ints
}
```

在该示例中，试图将一个 IntArray 类型的数组变量 ints 赋给一个 Array 类型的数组 intArray，结果编译报错。

事实上，Kotiln 中的 ByteArray、IntArray 等专门的数组类型与 Java 中的基本数组类型是一一对应的，它们的对应关系如表 3-2 所示。

表 3-2　Kotiln 和 Java 的数组对应关系

Kotlin 基本类型数组	对应的 Java 数组
ByteArray	byte[]
CharArray	char[]
ShortArray	short[]
IntArray	int[]
LongArray	long[]
FloatArray	float[]
DoubleArray	double[]
BooleanArray	boolean[]

> **注**：与 Kotlin 基本数组类型对等的 Java 类型，也都是 Java 中对应的基本数组类型，例如 Kotlin 的 ByteArray 数组类型所对等的 Java 类型是 byte[]，而非 Java 中的 Byte[]这个类型。

Kotlin 之所以要专门定义基本类型的数组，是因为要实现与 Java 程序之间的互调。例如在读写文件时，Kotlin 并没有定义自己专门的 I/O 类库，因此在 Kotlin 中编写文件读写程序，必须调用 Java 的 I/O 类库，而 Java 的 I/O 类库中，很多函数的入参或返回值都是 Java 的基本类型数组。下面这个例子在文件读写时很常见。

清单：MyArray.kt

功能：基本数组类型

```kotlin
fun main(args:Array<String>){
    var path = "/Users/fly/dog.png";
    var file = File(path)
    var fis = FileInputStream(path);

    var buffer = ByteArray(1024)
    var num = fis.read(buffer);
    while(num !=-1)
    {
        for(i in buffer.indices){
            print(buffer[i])
        }
        println()
        num = fis.read(buffer)
    }
}
```

该示例的主要功能是打印一张 PNG 图片中的全部字节。其中读取图片文件流时，调用了 Java I/O 类库中的输入流 FileInputStream.read(byte[])接口，该接口接受一个 byte[]类型的入参。由于 byte[]在 Java 中属于基本类型数组，因此在本示例中，只能通过 ByteArray(size)接口来声明一个 ByteArray 类型的数组 buffer，可以将该数组变量直接传递给 Java 的 FileInputStream.read(byte[])接口作为其入参。

在本示例中，如果这样声明 buffer：

```
var buffer = arrayOfNulls<Byte>(1024)
```

则编译器会报错,提示 buffer 类型与 Java 的 FileInputStream.read(byte[])接口入参
的数据类型不匹配。各位道友可以自行试验,体会其中的差别。

那么,如果在 Kotlin 中调用了一个 Java 接口,而 Java 的接口入参接受一个包装
过的基本类型数组(例如 Integer[])作为入参,那么在 Kotlin 中应该如何声明数组,
才能匹配上 Java 接口的入参呢?其实,如果 Java 接口入参数组不是基本类型,则统
一使用 Kotlin 中的 Array 类型进行匹配。看下面的示例。

清单:JavaClass.java

功能:定义一个 Java 类

```
public class JavaClass {
    public static void test(Integer[] ints){
        System.out.println("ints.size=" + ints.length);
    }
}
```

本示例定义了一个 Java 类型,并定义了一个 test()接口,该接口接受一个 Integer[]
类型的数组作为入参。下面开始编写 Kotlin 程序,调用该接口。

清单:MyArray.kt

功能:在 Kotlin 中调用 Java 函数

```
fun main(args:Array<String>){
    var ints = arrayOfNulls<Int>(3)
    ints[0] = 3
    ints[1] = 14
    ints[2] = 15
    JavaClass.test(ints)
}
```

本程序能够成功执行。在本示例中,由于 Java 接口 JavaClass.test(ints)需要的入
参类型是 Integer[],而非 int[]这种基本数组类型,因此在 Kotlin 中必须将数组声明成
Array 类型,在本例中使用 arrayOfNulls<Int>(3)接口完成这一声明。如果在本示例中
这样声明 ints:

```
var ints = IntArray(3)
```

则编译器会提示错误，告知该变量类型与 JavaClass.test(ints)需要的入参类型不匹配。

通过上面两个示例，各位道友应该能够理解 Kotlin 中的基本数组类型与 Java 的数组类型之间的对应关系。

为了进一步理解 Kotlin 中引用类型数组与 Java 中数组之间的对应关系，下面再举一例。

清单：JavaClass.java

功能：定义一个 Java 类

```java
public class JavaClass {
    public static void test(Animal[] animals){
        System.out.println("animals.size=" + animals.length);
    }
}
```

本示例定义了一个 Java 类型，并定义了一个 test()接口，该接口接受一个 Animal[]类型的数组作为入参。下面开始编写 Kotlin 程序，调用该接口。

清单：MyArray.kt

功能：在 Kotlin 中调用 Java 函数

```kotlin
fun main(args:Array<String>){
    var animals = arrayOfNulls<Animal>(3)
    animals[0] = Animal()
    animals[2] = Animal("dog")
    animals[2] = Animal("cat")
    JavaClass.test(animals)
}
```

注：本示例中的 Animal 类使用在前文多个示例中的定义，由于该类很简单，这里不反复定义。

本示例声明了 Animal 类型的数组，并将其传递给 Java 的 JavaClass.test(animals)

接口，该程序能够成功执行。

3.5.5 多维数组

在 Java 和很多其他编程语言中，声明多维数组十分简单，一维数组使用一个方括号，二维数组就使用两个方括号，以此类推。例如，在 Java 中声明一个二维数组，可以像这样：

```
int[][] a;
```

如果是下面这样：

```
int[][] a = new int[2][3];
```

就声明了一个两行三列的数组。

可是在 Kotlin 中不支持通过方括号的方式来声明数组。在 Kotlin 中主要通过下面两种方式来声明一个二维数组：

- var int2d = Array(2){Array(3, {it -> 0})}
- var int2d = Array(2, {Array(3, {it -> 0})})

这两种方式都声明了一个两行三列的数组，其成员元素都被赋值为 0。

同理，如果声明一个三维数组，则可以通过下面这两种形式：

- var int3d = Array(5){Array(2){Array(3, {it -> 0})}}
- var int3d = Array(5, {Array(2, {Array(3, {it -> 0})})})

看起来，Kotlin 中多维数组的声明相比于其他编程语言，明显比较复杂，不像其他编程语言中使用方括号的形式简洁。不过这也难怪，毕竟 Kotlin 并非依靠编译器来识别数组类型，而是专门定义了一个数组类型，既然是一个类型，则它的声明就必须依靠接口或构造函数来实现。不过还是期待 Kotlin 能够在后续版本中，将数组的声明实现得简单一些，甚至，干脆回归到原始的方式——使用方括号。

下面结合一个自定义的类型，来演示多维数组的声明和读写。

清单：Animal.kt

功能：多维数组的读写

```kotlin
fun main(args:Array<String>){
    var int2d = Array(2){Array(3, {it -> it})}

    var int2d2 = Array(2, {Array(3, {it -> it})})

    // 声明二维数组
    var animal2d = Array(3){arrayOfNulls<Animal>(3)}

    //数组元素初始化
    animal2d[0][0] = Animal("dog")
    animal2d[1][1] = Animal("cat")
    animal2d[2][2] = Animal("elephant")

    //遍历二维数组
    for(i in animal2d.indices){
        for(j in animal2d[i].indices){
            println("animal2d[$i][$j]=${animal2d[i][j]?.name}")
        }
    }
}

class Animal(){
    var height:Int = 0
    var name : String = "john"

    constructor(name:String):this(){
        this.name = name
    }
}
```

在本示例中声明了一个三行三列的二维数组，数组成员类型都是自定义的
Animal 类型。运行该程序，输出如下结果：

```
animal2d[0][0]=dog
animal2d[0][1]=null
animal2d[0][2]=null
animal2d[1][0]=null
animal2d[1][1]=cat
animal2d[1][2]=null
animal2d[2][0]=null
```

```
animal2d[2][1]=null
animal2d[2][2]=elephant
```

要注意的是，由于 arrayOfNulls<T>(size)接口返回的是 Array<T?>类型，这种类型表明数组成员是可空类型，因此数组的成员元素为空值是被允许的。但是在访问数组时，必须也要使用可空的写法，例如在本例中，必须写成这样：

```
animal2d[i][j]?.name
```

这里加了一个问号"?"，这样若在运行期某个元素为空值，程序也能健壮地运行。

3.5.6 数组与列表转换

在实际编程中，很多人习惯使用 Java.util.ArrayList 类作为容器代替数组。这是因为使用 ArrayList，无须在声明时就指定容器大小，而数组是做不到这一点的，在绝大多数语言中，都必须在声明数组时就指定其容量大小。之所以必须在声明时指定容量，是因为数组的各个成员元素在内存中是连续分配的，因此如果不指定数组容量，CPU 就不知道该申请多大的内存空间。

为何在声明 ArrayList 时就可以不必指定其容量呢？这是因为列表内部虽然也使用了数组作为真正的容器，但是它有动态扩容机制——当对列表进行写入操作时，若此时列表内部的数组已经达到上限，则程序会自动重新声明一个新的、容量更大的数组，分配更大的连续内存空间来存储新的元素。

正因为列表可以随意动态扩容，所以在实际程序中，列表的使用频率比数组更高。但是列表却无法代替数组，因此在很多场景下，都需要列表和数组能够互转。下面的示例演示如何将数组转换为列表。

清单：MyArray.kt

功能：将数组转换为列表

```
fun main(args:Array<String>){
    //定义数组
    var intArray = IntArray(3)
    intArray.set(0,3)
    intArray.set(1,14)
```

```
        intArray.set(2,15)

        //将数组转为列表
        var intList = intArray.asList()
        println("intList.size=${intList.size}")
        for(i in intList){
            println(i)
        }
    }
```

由本示例可以看出，将数组转换为列表，只需要调用数组的 asList()接口即可。
下面的示例演示将列表转换为数组。

清单：**MyArray.kt**

功能：将列表转换为数组

```
fun main(args:Array<String>){
    //声明一个列表
    var list = ArrayList<Int>()
    list.add(3)
    list.add(14)
    list.add(15)

    //将列表转换为数组
    var ints = arrayOfNulls<Int>(list.size)
    list.toArray(ints)

    println("ints.size=${ints.size}")
    for(i in ints.indices){
        println("ints[$i]=${ints.get(i)}")
    }
}
```

由本示例可知，将列表转换为数组，可以调用列表的 toArray()接口。不过列表有
两个 toArray()接口，为了确保正确转换，本示例使用了带入参的接口。

3.6　静态函数与伴随对象

Kotlin 中的类不像 Java 中的类，没有静态方法和静态变量，在 Kotlin 类中编写

的函数和属性，必须通过类实例对象才能访问，而不能直接通过类名访问。

在 Java 中，有很多方法都是静态方法，在使用静态方法时无须实例化类型对象，因此对于一些工具类，使用起来十分方便。在 Java 中，声明一个静态方法十分简单，如下：

清单：Util.java

功能：静态方法

```java
public class Util{
    public static void print(string msg){
        System.out.println(msg);
    }
}
```

本示例定义了一个 static 类型的方法，从外面可以直接这样调用：

```java
Util.print("hello world!");
```

3.6.1 伴随对象

可是在 Kotlin 的 class 内部，无法使用 static 关键字来声明一个方法。在 Kotlin 类中声明的方法，默认都是非 static 类型的。为了提供与调用 Java 静态方法类似的语法，Kotlin 特别设计了"伴随对象"。要定义一个伴随对象很简单，通过 companion object 关键字定义，例如下面的示例。

清单：Animal.kt

功能：伴随对象

```kotlin
class Animal(){
    var name : String? = null

    companion object InnerAnimal{
        fun run(){
            println("run ...")
        }
    }
}
```

在本示例中声明了一个伴随对象 InnerAnimal，并在其中定义了一个函数 run()。从外面可以直接通过 Animal 类型限定名作为前缀调用该伴随对象的 run()函数，如下所示：

```kotlin
fun main(args:Array<String>){
    Animal.run()
}
```

在本示例中，在调用 Animal.run()时，看起来与在 Java 中调用静态方法的语法完全一致。执行程序，输出：

```
run ...
```

可能有些新人或者对 Java 没有基础和经验的道友会想，如果我在 Animal 类中也定义一个 run()方法，那么结果会如何呢？例如，将本示例中的 Animal 类稍加改造（有经验的道友可以跳过本示例），变成下面这样。

清单：Animal.kt

功能：伴随对象

```kotlin
class Animal(){
    var name : String? = null

    fun run(){
        println("animal run...")
    }

    companion object InnerAnimal{
        fun run(){
            println("run ...")
        }
    }
}
```

现在示例中有两个 run()方法：一个在 Animal 类中声明；一个在伴随对象中声明。那么现在执行 Animal.run()调用，程序到底会调用哪个 run()方法呢？其实很简单，程序调用的一定是伴随对象里面的 run()方法，因为 Animal 类中的 run()方法属于类的成员方法，而非静态方法，如果想调用，必须先实例化类，就像这样：

```
var animal = Animal();
animal.run()
```

伴随对象名称可省略。在本例中所定义的伴随对象，我们给它加了一个名称 InnerAnimal，但是也可以省略，就像下面这样：

```
class Animal(){
    var name : String? = null

    companion object{
        fun run(){
            println("run ...")
        }
    }
}
```

3.6.2　名称省略与实例化

伴随对象的名称之所以可以省略，笔者猜测原因可能是 Kotlin 只允许在一个类中定义一个伴随对象，因为不能定义多个伴随对象，所以有无名字都可以。

若伴随对象有名称，则从外部也可以通过伴随对象来调用其方法，例如上面的 Animal 类的例子，可以这样调用 Animal 类中伴随对象内部的 run()方法：

```
Animal.InnerAnimal.run()
```

这种访问方式与直接调用 Animal.run()的效果是相同的。

如果声明伴随对象时并未为其取名字，则编译器会自动为其命名，这种命名不是随意设置一个名称，而是指定一个固定的名字——Companion。仍然以上面的 Animal 类为例，若其伴随对象没有名字，则可以这样来调用其中的方法：

```
Animal.Companion.run()
```

伴随对象不能被实例化。在上面的例子中，若伴随对象名称被设置为 InnerAnimal，则在 main()主函数中，不能这样声明其对应的对象实例：

```
var inner : Animal.InnerAnimal = Animal.InnerAnimal()
```

如果你这样声明，编译器一定会报错。

之所以伴随对象不能被实例化，是因为它并不是一个类型声明，而仅仅是一个对象声明。关于这一点，下文会详细讲解。

3.6.3 伴随对象中的属性

在伴随对象中，不仅可以声明方法，也可以定义变量。所定义的变量也可以通过伴随对象的宿主类直接访问，看起来就像 Java 类中的静态变量一样。例如下面的示例。

清单：Animal.kt

功能：在伴随对象中定义属性

```
class Animal(){
    var name : String? = null

    companion object InnerAnimal{
        var speed = 50;

        fun run(){
            println("run as speed $speed")
        }
    }
}
```

本示例在伴随对象中定义了一个变量 speed。从外面可以直接通过 Animal 类调用该变量，示例如下：

```
fun main(args:Array<String>){
    Animal.speed = 20
    Animal.run()
}
```

在本示例中，可以直接通过 Animal.speed 为变量赋值，如果从 Java 语言的角度来看，你肯定会以为在 Animal 类中声明了一个 static 变量。

运行该程序，输出如下：

```
run as speed 20
```

与函数类似，对伴随对象内部变量进行访问，也可以使用这种方式：

```
Animal.InnerAnimal.speed=20
```

效果与下面的表达式相同：

```
Animal.speed = 20
```

3.6.4　伴随对象的初始化

不能为伴随对象定义构造函数，即使是默认的构造函数也不能定义，其原因在下文会讲到，与 Kotlin 处理伴随对象的机制有关。

伴随对象不能直接访问归属类的属性和方法，因为伴随对象不能感知归属类，只有归属类能感知伴随对象。

总之，从声明的文法形式看，伴随对象像是一个类，因为在其内部可以定义变量和函数，但是它又不是一个真正的类，因为不能为其定义构造函数，不能实例化它。所以这是一个很奇怪的对象。

虽然伴随对象不是一个真正的类，但是却仍然可以为其声明 init{}块逻辑。如下面的示例。

清单：Animal.kt

功能：伴随对象的初始化

```
class Animal(){
    var name : String? = null

    companion object InnerAnimal{
        var speed = 50;

        fun run(){
            println("run as speed $speed")
        }

        init{
            println("companion object init...")
        }
    }
}
```

本示例为伴随对象定义了一个 init{}块逻辑。在 Kotlin 中，init{}块逻辑会在类实例化的过程中被执行。前面刚刚提到过，伴随对象不能被实例化，既然不能被实例化，而 init{}块逻辑又是在类实例化的过程中被调用执行的，那么 Kotlin 允许在伴随对象中定义 init{}，init{}块逻辑何时才会被执行呢？

在前面描述伴随对象的初始化时说过，伴随对象其实并不是一个类型，而是一个对象，说白了，可以将其看作 Animal 类内部的一个变量。前文讲过，当实例化 Kotlin 类时，会调用其内部字段的初始化逻辑。因此，如果 Animal 类被实例化，那么其伴随对象的 init{}初始化逻辑应该会被触发。下面就来测试一下看看：

```
fun main(args:Array<String>){
    var ani : Animal = Animal()
}
```

在 main()函数中实例化了一个 Animal 对象，执行该程序，结果输出了如下信息：

```
companion object init...
```

这表明 Animal 类的伴随对象的 init{}块逻辑的确被执行了，这也证明伴随对象的确就是类内部所定义的一个变量。其实，伴随对象与 Kotlin 的"匿名类"的概念很类似，基本可以等同起来。关于匿名类，下面会详细讲解。让我们将目光再次聚焦到上面的 Animal 类。刚刚，我们通过 var ani : Animal = Animal()这种方式触发了 Animal 类内部的 init{}逻辑，但是，我们换成如下方式调用：

```
fun main(args:Array<String>){
    Animal.speed=20
}
```

上文讲过，Animal.speed=20 表达式与 Animal.InnerAnimal.speed=20 表达式的效果相同。运行该 main()函数，输出如下：

```
companion object init...
```

很奇怪，这里并没有实例化 Animal 类型，但是其伴随对象的 init{}块逻辑被执行了。这是为何呢？

这就关系到伴随对象的本质了，下面我们扒一扒伴随对象究竟是什么。

3.6.5　伴随对象的原理

Kotlin 底层直接使用了 JVM 虚拟机，因此要想把 Kotlin 研究透彻，不懂 JVM 虚拟机的规范是不行的，其中之一就是透过字节码看程序。本书后面会有专门的章节讲述字节码，这里为了研究伴随对象，先提前对字节码做一次热身，这一节就从字节码的角度看看伴随对象的本质。

还是以上面的 Animal 类为例，在其内部将伴随对象声明为 InnerAnimal。不过为了更清楚地揭示伴随对象的本质，需要再次改造这个类。改造后的效果如下所示。

清单：Animal.kt

功能：伴随对象

```kotlin
class Animal(){
    var name : String? = "john"

    fun run(){
        var a = Animal.speed

        Animal.run()
    }

    companion object InnerAnimal{
        var speed = 50;

        init{
            println("companion object init...")
        }

        fun run(){
            println("run as speed $speed")
        }
    }
}
```

改造后的 Animal 类中增加了一个函数 run()，在 run()函数里面分别调用伴随对象的 speed 变量和 run()方法。

编译 Animal.kt 文件，会发现有两个字节码文件，分别是：

- Animal.class

- Animal$InnerAnimal.class

这两个类很好理解，不做过多解释。现在开扒 Animal.class 内部信息，使用 javap

-v Animal 命令，输出如下结果：

```
javap -v Animal
Classfile /Users/fly/animal/out/production/Animal.class
  Last modified 2017-7-31; size 2041 bytes
  MD5 checksum 34bff337910b9e6ef32a715c5f8ebca8
  Compiled from "Animal.kt"
public final class Animal
  minor version: 0
  major version: 50
  flags: ACC_PUBLIC, ACC_FINAL, ACC_SUPER

//常量池信息 start
Constant pool:
   #1 = Utf8               Animal
   #2 = Class              #1              // Animal
   #3 = Utf8               java/lang/Object
   #4 = Class              #3              // java/lang/Object
   #5 = Utf8               speed
   ......
//常量池信息 end

{
  //speed 变量，类型是 public static int
  public static int speed;
    descriptor: I
    flags: ACC_PUBLIC, ACC_STATIC
    Deprecated: true

  //InnerAnimal 变量，类型是 public static Animal$InnerAnimal
  public static final Animal$InnerAnimal InnerAnimal;
    descriptor: LAnimal$InnerAnimal;
    flags: ACC_PUBLIC, ACC_STATIC, ACC_FINAL

  //类型初始化逻辑块
  static {};
    descriptor: ()V
```

```
      flags: ACC_STATIC
      Code:
        stack=1, locals=0, args_size=0
           0: getstatic     #77               // Field
Animal$InnerAnimal.INSTANCE:LAnimal$InnerAnimal;
           3: putstatic     #32               // Field
InnerAnimal:LAnimal$InnerAnimal;
           6: bipush        50
           8: putstatic     #79               // Field speed:I
          11: ldc           #81               // String companion
object init...
          13: invokestatic  #45               // Method
kotlin/io/ConsoleKt.println:(Ljava/lang/Object;)V
          16: return

    //Animal.run()方法
    public final void run();
      descriptor: ()V
      flags: ACC_PUBLIC, ACC_FINAL
      Code:
        stack=1, locals=2, args_size=1
           0: getstatic     #25               // Field
InnerAnimal:LAnimal$InnerAnimal;
           3: invokevirtual #31               // Method
Animal$InnerAnimal.getSpeed:()I
           6: istore_1
           7: getstatic     #25               // Field
InnerAnimal:LAnimal$InnerAnimal;
          10: invokevirtual #33               // Method
Animal$InnerAnimal.run:()V
          13: return
```

这里没有列出 javap 命令的全部输出结果,而是列出其中关键的变量定义、static{} 块逻辑和 run() 方法的分析信息。

首先关注变量定义, 在 Animal 类对应的字节码中, 竟然出现了 speed 和 InnerAnimal 这两个变量,注意,InnerAnimal 变量名的首字母是大写的。首先看 speed 变量,该变量在源程序中,并没有被定义在 Animal 类中,而是被定义在其伴随对象 的内部。结果编译后,编译器将其变成了 Animal 类型相关的变量,并且将其设置成 了 static 静态类型。正因为 speed 被变成了 Animal 类的静态变量,因此可以这样访问

speed 变量：

```
Animal.speed
```

那么 InnerAnimal 变量算是怎么回事呢？其实这就是在 Animal 内部所声明的伴随对象。由此可见，Kotlin 中的所谓伴随对象，其实就是一个普通的变量。但是这个变量有其不普通之处，那就是其变量名与伴随对象名称完全相同，看起来像个类名。同样，InnerAnimal 变量的访问限定符包括 static，因此可以这样访问伴随对象：

```
Animal.InnerAnimal
```

接下来看上述字节码中的 static {}块逻辑。熟悉 Java 的道友都知道，在 Java 类中可以编写 static{}逻辑块，当类被加载时就会调用其逻辑。类加载的时机比类实例化的时机还要早。Kotlin 中的类是不支持 static{}逻辑块的，但是编译后，编译器自动为 Animal 类加上了 static{}块，从上面 static{}逻辑块的字节码可以看出来，其作用主要是初始化 speed 和 InnerAnimal 这两个变量，并调用伴随对象的 init{}逻辑。下面逐行解释 static{}块的字节码含义，不懂的童鞋看看，留个印象，艺多不压身，懂的道友就当熟悉下字节码指令了：

```
//类型初始化逻辑块

  static {};
    descriptor: ()V
    flags: ACC_STATIC
    Code:
      stack=1, locals=0, args_size=0
      /** Animal 静态字段初始化 start */
        //获取 Animal$InnerAnimal.INSTANCE 字段
        0: getstatic       #77                // Field
Animal$InnerAnimal.INSTANCE:LAnimal$InnerAnimal;

        //将 Animal$InnerAnimal.INSTANCE 字段赋给 Animal.InnerAnimal 字段
        3: putstatic       #32                // Field
InnerAnimal:LAnimal$InnerAnimal;

        //将数字常量 50 压栈
        6: bipush          50

        //将栈顶的数字常量 50 赋给 Animal.speed 字段
```

```
        8: putstatic      #79                 // Field speed:I
/** Animal 静态字段初始化 end */

/** Animal 伴随对象 init{}块逻辑 start */
       11: ldc            #81                 // String companion
object init...
       13: invokestatic #45                   // Method
kotlin/io/ConsoleKt.println:(Ljava/lang/Object;)V
/** Animal 伴随对象 init{}块逻辑 end */
       16: return
```

由此可见，在 Animal 类型被加载时，其伴随对象的 init{}块逻辑就被执行了。这里面蕴藏了很多有趣的信息，笔者就不一一分析了，有兴趣的道友可以自行研究。

接着看字节码中的 Animal.run()函数的信息，该函数的源代码是：

```
fun run(){
    var a = Animal.speed

    Animal.run()
}
```

其字节码指令是：

```
public final void run();
    descriptor: ()V
    flags: ACC_PUBLIC, ACC_FINAL
    Code:
      stack=1, locals=2, args_size=1
         //获取 Animal.InnerAnimal 静态变量
         0: getstatic      #25                 // Field
InnerAnimal:LAnimal$InnerAnimal;

         //调用 Animal.InnerAnimal 静态变量的 getSpeed()方法
         3: invokevirtual #31                 // Method
Animal$InnerAnimal.getSpeed:()I

         //将上一步 getSpeed()方法的返回值存储到变量 a 中
         6: istore_1

         //获取 Animal.InnerAnimal 静态变量
```

```
        7: getstatic      #25                    // Field
InnerAnimal:LAnimal$InnerAnimal;
```

```
        //调用 Animal.InnerAnimal 静态变量的 run()方法
       10: invokevirtual #33                     // Method
Animal$InnerAnimal.run:()V
```

```
       13: return
```

对比字节码指令和源代码，发现其中有一个很大的问题：

在源代码中，变量 a 的值来自于 Animal.speed 字段，而在字节码中，其值却来自于调用 Animal$InnerAnimal.getSpeed()函数。这是怎么一回事？前面不是刚刚分析出，伴随对象中的 speed 字段在编译之后会变成 Animal 类中的静态字段，按理说可以直接调用的，为何这里却没有直接调用呢？

而更奇怪的是，在 Animal 伴随对象的源代码中并没有专门定义一个叫作 getSpeed 的函数呀。

看来这一切的秘密都隐藏在 Animal$InnerAnimal.class 这个字节码文件中。使用 javap 命令分析 Animal$InnerAnimal.class 文件中的 getSpeed()函数：

```
//......
public final int getSpeed();
    descriptor: ()I
    flags: ACC_PUBLIC, ACC_FINAL
    Code:
      stack=1, locals=1, args_size=1
        0: getstatic     #12                    // Field Animal.speed:I
        3: ireturn
//......
```

通过该字节码指令可知，Animal 伴随对象的 getSpeed()函数直接返回 Animal.speed 字段。绕了一大圈，最终还是绕回去了，原来从外面访问 Animal.speed 时，不会直接这么访问，而是需要通过 Animal 去调用 Animal$InnerAnimal.getSpeed() 函数，而后者却直接返回了 Animal.speed 的值。

之所以要这么安排，笔者猜测可能是因为 Kotlin 支持两种访问伴随对象字段的方式，就拿本例中的 Animal 而言，支持以下两种：

- Animal.speed
- Animal.InnerAnimal.speed

从前面的章节我们知道，Kotlin 在语法层面支持直接访问属性名，但是编译后，统一都变成通过 get/set 访问器来访问。因此编译器在 Animal$InnerAnimal 被编译后的字节码中添加了 getSpeed()方法，这样在文法层面，Animal.InnerAnimal.speed 这样的表达式就符合规范了。

3.6.6 匿名类

前面在讲解伴随对象时，说过伴随对象其实与匿名类很相似。所谓匿名类，就是没有名称的类。为啥要有匿名类呢？下面的例子可以解释这个疑问。

在 Java 中，假设有一个抽象类，定义如下：

```
abstract class Animal{
    public abstract void run();
}
```

现在为其开发一个实现类，如下：

```
public class Dog extends Animal{
    public void run(){
        System.out.println("dog run...");
    }

    public static void main(String[] args){
        Animal dog = new Dog();
        dog.run();
    }
}
```

在该示例中，定义了一个 Dog 类，它继承父类 Animal。在 main()函数中，定义了一个 Animal 类型的变量，并将其指向 Dog 类实例。

这段代码本身没有任何问题，充分使用了面向对象编程的继承和多态特性。但是，假如这里的 Dog 类仅被使用一次，那么将其编写成一个独立的类，显得有点麻烦。

在这种情况下，匿名类就诞生了。使用匿名类，将上面的程序改成如下形式：

```
abstract class Animal{
    public abstract void run();
}
public class Test{
    public static void main(String[] args){
        Animal dog = new Animal(){
            public void run(){
                System.out.println("dog run...");
            }
        };
        dog.run();
    }
}
```

在该示例中，在声明变量 dog 时，就直接实例化了一个 Animal 的匿名实现类，并且在该匿名类里面实现了 run()这个虚方法。通过匿名类的使用，使程序得到简化。

Kotlin 基于 Java，并且支持 Java 的一切语法特性，因此自然也支持匿名类。例如下面的示例。

清单：Animal.kt

功能：匿名类

```
fun main(args:Array<String>){

    var a = object {
        init {
            println("init....")
        }

        fun print(){
            println("a.print()...")
        }
    }
    a.print()

}
```

在本示例中，在声明变量 a 时，将其指向了一个匿名类的实现类，同时为该匿名类定义了 init{}块逻辑，并且为其定义了一个 print()函数。接着，变量 a 就可以直接调用 print() 函数了。运行该程序，输出如下：

```
init....
print()...
```

在 Java 中所声明的匿名类，必须要实现某个接口，或者继承某个类，这样才能调用匿名类里面的方法。否则，便只能调用 java.lang.Object 顶级父类中的几个方法，例如 toString()、equals() 等。相比之下，Kotlin 就没有该限制，例如本例中所定义的匿名类，并没有实现任何接口，也没有继承任何父类，但声明后就能直接调用匿名类里面新增的方法。

不过，Kotlin 的匿名类也可以实现接口或者继承某个基类，例如下面的示例。

清单：Animal.kt

功能：匿名类与继承

```kotlin
fun main(args:Array<String>){
    var dog = object : Animal(){

        override  fun run(){
            println("dog run...")
        }

    }
    dog.run()
}

open class Animal(){
    var name : String? = "john"

    init {
        println("animal init...")
    }

    open fun run(){
        println("animal run...")
    }
}
```

在本示例中，匿名类继承了 Animal 类，并重写 Animal 类的 run()方法。运行本程序，输出如下结果：

```
animal init...
dog run...
```

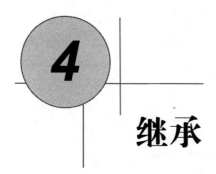

继承

继承是为了代码复用。在 C 语言里，只能实现一个函数的复用，无法实现一个模块的复用。而 Java 以及基于 JVM 的系列面向对象编程语言，通过封装、继承和多态，可以实现模块级别的代码复用。

当然，代码复用并不是简单的复制和粘贴，并且每次复用时也并不总是不修改一行代码，人们总是希望既能够复用，又能够针对具体的场景进行适当的修改，但是最关键的是，这种修改不能破坏原有的功能逻辑。

到目前为止，计算机科学解决这一问题的最佳方法就是"继承"（注：就笔者所知的很多种编程语言而言，继承无疑是最佳的解决方案。但毕竟所知有限，若实际上有更佳实践，欢迎指出）。在 Java 中，继承不仅在语法层面得到支持，在 JVM 虚拟机层面也得到很好的支持。Kotlin 全面兼容 Java，因此自然而然也支持继承。

4.1 继承基础概念

4.1.1 继承语法

在 Java 中，继承分为两种：

- 类继承

- 接口继承

类继承使用 extends 关键字，接口继承使用 implements 关键字。如下例所示。

清单：JavaExtend.java

功能：Java 继承

```java
/** 定义一个接口类 */

public interface Animal{
    public void run();
}


/** 定义一个基类实现接口类 */
public Abstract BaseAnimal implements Animal{
    protected String name;

    public BaseAnimal(String name){
        this.name = name;
    }

    public String getName(){
        return this.name;
    }
}


/** 继承基类 */
public Dog extends BaseAnimal{
    @override
    public void run(){
        System.out.println(this.name + " run...");
    }
}
```

本示例是一个 Java 示例，演示了接口实现和类继承。在 Kotlin 中，继承不再那么麻烦了，不管是接口实现还是类继承，都统一使用下面这种格式：

当前类的类头后面加一个冒号，再加父类

基本的继承格式如下：

```
/** 定义基类 */
open class Base(p: Int)
/** 类继承 */
class Derived(p: Int) : Base(p)
```

注意：如果继承了一个基类，则必须为该基类添加 open 关键字，否则编译器就会报错。open 关键字体现了 Kotlin 编程哲学与 Java 编程哲学的不同，甚至是对立的。在 Java 中，如果不想让某个类被继承，则必须为其添加 final 关键字，Java 中的很多核心类库都被添加了 final 关键字，例如 java.lang.String、java.lang.Integer 等。Kotlin 的编程哲学认为 Java 的这种机制体现了一种"不明确"的态度，因为大部分人在开发自己的类时都不会添加 final 关键字，这导致其所开发的类可以随便被继承。而 Kotlin 却认为，随便开发的一个类不应该随随便便就能被别人复用，除非开发者本人显式添加了 open 关键字，才会允许被复用。

了解了 Kotlin 的这一继承文法，就可以将上面的 Java 示例改成 Kotlin 版本的。

清单：Animal.kt

功能：Kotlin 继承

```
interface Animal{
    fun run();
}

abstract class BaseAnimal() : Animal{
    var name:String? = null

    constructor(name: String) : this(){
        this.name = name
    }
}

class Dog : BaseAnimal{
    constructor(name: String) : super(name){

    }

    override fun run() {
        println("$name run...")
```

```
    }
}

/** 测试 */
fun main(args:Array<String>){
    var dog = Dog("john")
    dog.run()
}
```

本示例中同时有接口继承和类继承。由于类 BaseAnimal 继承了 Animal 接口，所以使用 abstract 关键字修饰。如果基类使用 abstract 关键字进行修饰，则子类继承时无须再添加 open 关键字。

在 Java 中，所有的类默认都继承于 java.lang.Object 类。而在 Kotlin 中，所有的类默认都继承 Any 类。

4.1.2 接口

接口是面向对象编程中一种特殊的结构体，在 Java 中，接口是一种仅包含方法的类，不能包含成员变量，并且方法也不能有实现。通过接口，可以实现模块的面向接口编程，同时实现各种插件机制。可以说，接口是 Java 中非常重要的概念。

相比于 Java，Kotlin 的接口稍有不同，Kotlin 的接口可以包含抽象方法，以及方法的实现。接口可以有属性但必须是抽象的，或者提供访问器的实现。当然，Java 8 中的接口也支持这些特性了。

在 Kotlin 中，可以这样定义一个接口：

```
interface MyInterface {
    fun f1()
    fun f2() {
        //Kotlin 中的接口方法允许有函数体
    }
}
```

与 Java 一样，Kotlin 中的接口可以实现另一个接口，例如：

```
interface Animal{
    fun run()
```

```
}
interface bird : Animal{
    fun fly(){
        println("fly...")
    }
}
```

接口最终总是要被一个具体的类所实现，实现方式在上一节已经通过示例进行了演示，这里不再赘述，不过需要注意的是，当子类实现接口方法时，必须加上 override 关键字，否则编译器会报错。

接口的存在就是为了被具体的子类实现。在 Java 8 之前，若一个类继承了某个接口，则该类必须实现其所继承的接口中的所有接口方法（虚类除外）。不过，在 Kotlin 中，由于接口方法本身可以包含方法实现，对于这部分接口方法，子类没必要实现，例如下面的示例。

清单：Animal.kt

功能：接口方法实现

```
interface Animal{
    fun run()
}
interface Bird : Animal{
    fun sing(){
        println("sing a song...")
    }
}

class Magpie : Bird{
    override fun run() {
        println("magpie run...")
    }
}
```

本示例所定义的 Bird 接口中的 sing()方法本身包含实现，因此其实现类 Magpie 便无须再实现。但是，对于接口中已经自我实现了的方法，继承类也可以重新实现一遍，看下面的示例。

清单：Animal.kt

功能：接口方法实现

```kotlin
interface Animal{
    fun run()
}
interface Bird : Animal{
    fun sing(){
        println("sing a song...")
    }
}

class Magpie : Bird{
    override fun run() {
        println("magpie run...")
    }

    /** 重新实现一遍接口方法 */
    override fun sing(){
        println("magpie sing...")
    }
}

fun main(args:Array<String>){
    var bird = Magpie()
    bird.sing()
}
```

由于 bird 变量实际指向 Magpie 类型，因此在 main() 主函数中调用 bird.sing() 时，实际上执行的仍然是实现类中的方法。所以执行该程序，输出结果是：

```
magpie sing...
```

既然接口内部的方法可以自我实现，那么接口类自己能否实例化呢？答案是不能。无论在 Java 还是在 Kotlin 中，要实例化一个类，都必须调用类的构造函数。而接口是不能有构造函数的，所以自然无法实例化。从另一个角度看，如果连接口类都能被实例化，那么"接口类"这种特定的类还有何存在的价值呢？完全可以将接口类的概念去掉。

1. 接口之间的继承

接口方法不仅可以被继承类实现，也可以被继承的接口实现。例如下面的示例。

清单：Animal.kt

功能：接口实现接口方法

```kotlin
interface Animal{
    fun run()
    fun eat(){
        println("animal eat...")
    }
}
interface Bird : Animal{
    /** 本接口重写了父类接口中的 eat()方法 */
    override fun eat(){
        println("bird eat...")
    }
}

class Magpie : Bird{
    override fun run() {
        println("magpie run...")
    }
}

fun main(args:Array<String>){
    var bird = Magpie()
    bird.eat()
}
```

在本示例中，Bird 接口继承了 Animal 接口，并且重写了 Animal 接口中的 eat()方法。在 main()函数中，定义了一个变量 bird，使其指向 Magpie 类实例，接着调用 bird.eat()方法。这里有个问题：

Magpie 类实现了接口 Bird，而 Bird 接口又继承了 Animal 接口，但是 Bird 和 Animal 这两个接口中都定义并实现了 eat()方法，那么在 main()主函数中调用 bird.eat()方法时，到底会调用 Animal 接口的 eat()方法，还是会调用 Bird()中的 eat()方法呢？有兴趣的道友可以自己测试并分析其原因。

2. 接口中的属性与继承

在 Kotlin 中，在接口中不仅可以定义和实现方法，也可以定义属性（已经越来越不像接口了^_^）。

在接口中所声明的属性，默认是 abstract 类型的，因此一个类型如果实现了某个接口，则必须要复写接口中的属性，如下例所示：

```
interface Animal{
    var name:String

    fun run()
}

class Magpie : Animal{
    /** 复写接口中的属性 */
    override var name:String = "magpie"

    override fun run() {
        println("magpie run...")
    }
}
```

注：在复写接口属性时，必须添加 override 关键字。

如果子类不希望复写接口中的属性，则需要使用 abstract 关键字修饰，当然，此时，整个类也都需要使用 abstract 关键字修饰。

定义在接口中的属性不能被初始化，必须在子类中完成初始化，所以像下面这种定义方式是不对的：

```
interface Animal{
    var name:String = "dog"

    fun run()
}
```

如果一定要在接口中完成属性的初始化，可以通过显式为其定义 get 访问器实现，如下所示：

```
interface Animal{
    val name:String
        get() = "dog"

    fun run()
}
```

在本例中，通过为 Animal 接口中的 name 属性显式定义 get()访问器，从而实现其初始化。

如果接口中的属性通过 get 访问器被初始化，则实现该接口的子类可以不复写该属性，当然，也可以复写，不过复写时仍然需要添加 override 关键字，就像下面的例子所示：

```
interface Animal{
    var name:String
        get() = "dog"

    fun run()
}

class Magpie : Animal{
    /** 复写接口中的属性 */
    override var name:String = "magpie"

    override fun run() {
        println("magpie run...")
    }
}
```

同时，如果接口中的属性通过 get 访问器被初始化，则在 get 访问器的逻辑块中不能使用备用字段 field。前文讲过备用字段，在一个类中所声明的属性，可以自定义其 get/set 访问器，在访问器内部可以使用备用字段 field，如下所示：

```
class Magpie : Bird{

    var weight:Double = 0.0
        get() {
            field = 3.5
            return field
```

```
    }
    set(value) {
        field = value
    }

}
```

在这个类的 weight 属性的 get/set 访问器中，使用了 field 这个备用字段进行值的读写，然而在接口的属性中，尽管可以显式定义 get 访问器，但是在访问器中却不能使用 field 这个关键字。在上面示例的 Animal 接口中，你不能这样使用 field：

```
interface Animal{
    var name:String
        get() {
            /** get{}块里不能对 field 进行读写 */
            field = "dog"
            return field
        }

    fun run()
}
```

你看到这里，对 Kotlin 的接口类肯定有一种特别强烈的感觉，这种感觉就是：

太乱了！

Kotlin 允许在接口中声明属性，但是不能赋初值。

Kotlin 允许为接口属性显式定义 get 访问器，但是却不允许在里面访问 field 这个备用字段。

为啥会有这么奇怪的规定呢？在计算机领域，一切奇怪的规则背后肯定都有其一定的原因。Kotlin 背后的原因是啥呢？毫无疑问，不管 Kotlin 在语法层面多么花哨，最终都一定要符合其底层 JVM 虚拟机的规范。

不管是 Kotlin 还是 Java 8，虽然其文法允许在接口中声明属性，可是这与 JVM 虚拟机无关，JVM 虚拟机可从来没答应要支持这么一个规范。JVM 作为一款底层的虚拟机和规范制定者，其上面运行着众多的编程语言，例如 Scalar、Java、Clojure、Groovy、JPHP 等，因此 JVM 肯定不会单纯为了某一种编程语言而随便变更其规范。

只要其稍微变更一下规范，就可能造成其他编程语言编译错误。所以，对于接口，JVM
从来都没有变更过自己的准则，这个准则就是：

在接口中不允许声明属性/变量。

可是 Kotlin 偏偏要允许，对着干。那么 Kotlin 如何解决其文法与 JVM 规范之间
的矛盾呢？这一切还得从字节码的角度来讨论。例如下面这个示例。

清单：Animal.kt

功能：Kotlin 接口

```kotlin
interface Animal{
    val name:String
    get() {
        return "dog"
    }

    fun run()
    fun eat(){
        println("animal eat...")
    }
}
class Dog : Animal{
    override fun run(){
        println("dog run...")
    }
}
```

本示例在 Animal 接口中声明了一个属性 name，并在 get 访问器中显式定义该属
性的返回值。本例在 Animal 接口中同时自我实现了 eat()方法。编译 Animal.kt 源文
件，编译后会得到 4 个 class 文件：

- AnimalKt.class
- Animal.class
- Animal$DefaultImpls.class
- Dog.class

其中，AnimalKt.class 对应 Animal.kt 这个源程序，Animal.class 对应 Animal 接口

类，Dog 类自然对应 Dog 类。注意，中间多出了一个 Animal$DefaultImpls.class 类，这个类在源程序中并没有人为定义，看来是编译器自动生成的，Kotlin 接口属性的秘密很可能就藏在这里面。

首先看 Animal.class，使用 javap 命令分析该字节码文件，输出结果如下（对实际的输出结果略有裁剪）：

```
javap -v Animal.class
Classfile /Users/fly/animal/out/production/hk/Animal.class
public interface Animal
  minor version: 0
  major version: 50
  flags: ACC_PUBLIC, ACC_INTERFACE, ACC_ABSTRACT

/** 常量池开始 */
Constant pool:
  #1 = Utf8            Animal
  #2 = Class           #1           // Animal
  #3 = Utf8            java/lang/Object
  #4 = Class           #3           // java/lang/Object
  #5 = Utf8            getName
  #6 = Utf8            ()Ljava/lang/String;
  ......
  #31 = Utf8           SourceFile
  #32 = Utf8           InnerClasses
  #33 = Utf8           RuntimeVisibleAnnotations
/** 常量池结束 */
/** 接口方法开始 */
{
  public abstract java.lang.String getName();
    descriptor: ()Ljava/lang/String;
    flags: ACC_PUBLIC, ACC_ABSTRACT
    RuntimeInvisibleAnnotations:
      0: #7()

  public abstract void run();
    descriptor: ()V
    flags: ACC_PUBLIC, ACC_ABSTRACT

  public abstract void eat();
```

```
    descriptor: ()V
    flags: ACC_PUBLIC, ACC_ABSTRACT
}
/** 接口方法结束 */
```

对于该输出，首先关注类型的限定符，即查看下面这一行：

```
flags: ACC_PUBLIC, ACC_INTERFACE, ACC_ABSTRACT
```

注意中间有个 ACC_INTERFACE 标记，这说明在 JVM 层面，的确将 Animal 类定性为"接口"。接着关注字节码中的接口方法，一共包含 3 个方法：

- public abstract java.lang.String getName();
- public abstract void run();
- public abstract void eat();

这 3 个方法都被使用 abstract 关键字限定，这说明这 3 个方法都是虚方法，都没有函数体，或者说都不能有实现。但是在源程序中，我们为 eat()方法显式定义了函数体，那么这部分函数体跑到哪里去了呢？聪明的你肯定马上就猜到了，一定是跑到编译器自动生成的 Animal$DefaultImpls.class 这个类里面去了。同时，在源程序中，我们为 Animal 接口类声明了一个属性，结果在上面这段字节码中也没有看到该属性，很可能这个属性的声明也一起跑到了 Animal$DefaultImpls.class 类里面去。

那么现在就来看看 Animal$DefaultImpls.class 文件，对该字节码文件分析的结果如下：

```
javap -v Animal$DefaultImpls.class
Classfile
/Users/fly/animal/out/production/hk/Animal$DefaultImpls.class
public final class Animal$DefaultImpls
  minor version: 0
  major version: 50
  flags: ACC_PUBLIC, ACC_FINAL
Constant pool:
  #1 = Utf8              Animal$DefaultImpls
  #2 = Class             #1           // Animal$DefaultImpls
  #3 = Utf8              java/lang/Object
  #4 = Class             #3           // java/lang/Object
  #5 = Utf8              getName
```

```
    #6 = Utf8                (LAnimal;)Ljava/lang/String;
    ......
  #36 = Utf8                LocalVariableTable
  #37 = Utf8                LineNumberTable
  #38 = Utf8                RuntimeInvisibleAnnotations
  #39 = Utf8                SourceFile
  #40 = Utf8                InnerClasses
  #41 = Utf8                RuntimeVisibleAnnotations

{
  public static java.lang.String getName(Animal);
    descriptor: (LAnimal;)Ljava/lang/String;
    flags: ACC_PUBLIC, ACC_STATIC
    Code:
      stack=1, locals=1, args_size=1
        0: ldc            #9                    // String dog
        2: areturn
      LocalVariableTable:
        Start  Length  Slot  Name   Signature
          0      3      0    $this  LAnimal;
      RuntimeInvisibleAnnotations:
        0: #7()

  public static void eat(Animal);
    descriptor: (LAnimal;)V
    flags: ACC_PUBLIC, ACC_STATIC
    Code:
      stack=1, locals=1, args_size=1
        0: ldc            #15                   // String animal eat...
        2: invokestatic  #21                   // Method
kotlin/io/ConsoleKt.println:(Ljava/lang/Object;)V
        5: return
      LocalVariableTable:
        Start  Length  Slot  Name   Signature
          0      6      0    $this  LAnimal;
}
```

从这个分析结果可以看出来，Animal 接口类中的 eat()方法的函数体跑到这个类里面了。同时还看到上面这段字节码分析结果中，包含一个 getName()方法，其字节码指令如下：

```
public static java.lang.String getName(Animal);
    0: ldc          #9                // String dog
    2: areturn
```

其逻辑是：首先通过 ldc 指令将字符串"dog"的指针推送至操作数栈栈顶，接着通过 return 指令将该指针返回。翻译成对应的 Kotlin 代码如下：

```
fun getName() : String{
    return "dog"
}
```

该逻辑与源码中为 name 属性所定义的 get 访问器的逻辑一致。

既然 Animal 接口中的方法实现和属性定义都被编译器编译进了自动生成的 Animal$DefaultImpls.class 文件中，那么 Animal 接口的实现类如果想使用 Animal 接口中的属性，理论上应该会直接从 Animal$DefaultImpls 这个自动生成的实现类中获取。在本示例中定义了 Animal 接口的一个实现类 Dog，我们看这个类的字节码信息：

```
javap -v Dog.class
Classfile /Users/fly/animal/out/production/hk/Dog.class
public final class Dog implements Animal
  minor version: 0
  major version: 50
  flags: ACC_PUBLIC, ACC_FINAL, ACC_SUPER

Constant pool:
  #1 = Utf8              Dog
  #2 = Class             #1            // Dog
  ......
  #52 = Utf8             SourceFile
  #53 = Utf8             RuntimeVisibleAnnotations
{
  public void run();
    descriptor: ()V
    flags: ACC_PUBLIC
    Code:
      stack=1, locals=1, args_size=1
        0: ldc          #10               // String dog run...
        2: invokestatic #16               // Method
kotlin/io/ConsoleKt.println:(Ljava/lang/Object;)V
        5: return
```

```
public java.lang.String getName();
  descriptor: ()Ljava/lang/String;
  flags: ACC_PUBLIC
  Code:
    stack=1, locals=1, args_size=1
       0: aload_0
       1: invokestatic  #29              // Method
Animal$DefaultImpls.getName:(LAnimal;)Ljava/lang/String;
       4: areturn

public void eat();
  descriptor: ()V
  flags: ACC_PUBLIC
  Code:
    stack=1, locals=1, args_size=1
       0: aload_0
       1: invokestatic  #34              // Method
Animal$DefaultImpls.eat:(LAnimal;)V
       4: return
```

上面这段字节码信息表明，Dog.class 字节码文件中包含 3 个方法，分别是：

- public void run();
- public java.lang.String getName();
- public void eat();

而在本示例的源码中，在 Dog 类中仅仅重写了 run()方法，并没有显式定义另外两个方法，很显然，另外两个方法是从 Animal 接口中继承而来的。注意看上面这段字节码中的 getName()方法的字节码指令，如下：

```
1: invokestatic  #29              // Method
Animal$DefaultImpls.getName:(LAnimal;)Ljava/lang/String;
```

这条指令的作用是调用 Animal$DefaultImpls.getName()静态方法。这说明编译后 Dog 类中虽然被自动生成了 getName()方法，但是其仅仅作为一个门面，或者适配器，Dog 一转手，还是将任务委托给了 Animal$DefaultImpls.getName()。

同理，在 Dog.class 字节码中自动生成的 eat()方法的字节码指令如下：

```
1: invokestatic  #34                  // Method
Animal$DefaultImpls.eat:(LAnimal;)V
```

Dog 类依然是直接将任务委托给了 Animal$DefaultImpls.eat()方法。

通过对本示例的字节码剖析,我们明白了 Kotlin 接口属性与自我实现方法的实现原理及继承机制,核心机制便是编译器在其中做了手脚,通过自动为接口生成一个默认的实现类,从而解决 Kotlin 接口在文法规则与底层 JVM 虚拟机规范之间的矛盾。

关于本示例的字节码,有兴趣的童鞋可以多研究研究,如此才能从本质上理解 Kotlin 的语法糖,不被表面的花样写法所迷惑。

4.1.3　虚类

在 Java、C++中都有虚类的概念。虚类是一种介于接口和普通类型之间的特殊的数据结构。在一开始,在接口中不能声明属性,不能定义方法实现,只能声明函数。方法是行为的规范,通过接口对外暴露一个类所具备的行为。在一个普通类中,对任何方法都必须定义函数体,而不能仅仅声明一个函数头。而在实际场景中,很多类既想拥有接口的能力——仅仅声明函数头,不定义函数体;同时又想具备普通类的能力——能够声明函数头和函数体,同时能够声明属性,还能声明构造函数。这样的类就是虚类,或者也可以叫作抽象类。

例如著名的设计模式——模板方法模式,其核心设计就依赖了抽象类。下面是模板方法模式的一个示例(Java 版本)。

清单:Algorithm.java

功能:模板方法模式

```java
/**
 * 定义一个抽象类
 */
public abstract class AbstractCalculator {

    /**
     * 主方法,实现对具体计算方法的调用
     */
    public final int calculate(String exp,String opt){
```

```
            int array[] = split(exp,opt);
            return calculate(array[0],array[1]);
        }

        /**
         * 具体计算的方法，虚方法
         */
        abstract public int calculate(int num1,int num2);
        private int[] split(String exp,String opt){
            String array[] = exp.split(opt);
            int arrayInt[] = new int[2];
            arrayInt[0] = Integer.parseInt(array[0]);
            arrayInt[1] = Integer.parseInt(array[1]);
            return arrayInt;
        }
    }

/**
 * 加法计算子类
 */
public class Plus extends AbstractCalculator {

    @Override
    public int calculate(int num1,int num2) {
        return num1 + num2;
    }

}

/**
 * 乘法计算子类
 */
public class Multi extends AbstractCalculator {

    @Override
    public int calculate(int num1,int num2) {
        return num1 * num2;
    }

}

/**
```

```
 * 测试类
 */
public class Test{

    public static void main(String[] args) {
        String express = "2*3";
        AbstractCalculator cal = new Multi();
        int result = cal.calculate(express, "*");
        System.out.println(result);
    }


}
```

在本示例中定义了一个抽象基类 AbstractCalculator，在其中完整定义了一个主方法 calculate(String exp, String opt)，这个方法是有方法体的，而在该方法中，却调用了另一个方法 calculate(int num1, int num2)，这个方法在 AbstractCalculator 类中是个虚方法——只有方法头声明，没有方法体。该方法必须在子类中实现。这正是虚类的妙用——兼有接口方法和类方法的文法特性，这样的文法特性在解决实际问题时能够发挥巨大的作用。

在 Kotlin 中，定义一个虚方法，语法与 Java 类似，在类头上加上 abstract 这个限定符即可，例如：

```
abstract class Base{
    fun foo(){}
}
```

在虚方法中，可以声明类属性、构造函数（主次皆可）。可以只定义方法头，也可以定义一个包含方法体的完整方法。下面的示例类演示了所有这些特性：

```
abstract class Base(name:String){
    var name:String? = null

    abstract fun foo()

    fun bar(){
        println("bar")
    }
}
```

注：在一个类中，只要有一个方法或者有一个属性是抽象的，则必须将类声明成抽象类——使用 abstract 关键字修饰。

如果一个虚类中的属性是抽象的，则不能对其进行初始化，这与接口属性的规定是一样的，例如：

```kotlin
abstract class Base(name:String){
    abstract var name:String //不能初始化

    fun bar(){
        println("bar")
    }
}
```

如果子类继承了该抽象类，则必须重写这个抽象的属性，如下所示：

```kotlin
abstract class Base(name:String){
    abstract var name:String //不能初始化

    fun bar(){
        println("bar")
    }
}

class SubClass : Abs(){
    override var name: String="sub"
}
```

4.2　多重继承

继承文法本身比较简单，但是继承体系庞大之后，就会带来一定的复杂性。本节一起来研究多重继承场景下的各种继承与重写规则。

4.2.1　类与接口的多重继承

在 Java 的很多中间件里，经常会见到一个接口继承另一个接口，甚至一个接口同时继承多个接口。通过接口继承，既能高度抽象一个组件的行为，又能保证适当的灵活性。Kotlin 也支持这种一个接口继承多个接口的情况，下面的例子便演示了这种情况。

清单：Animal.kt

功能：接口间的多重继承

```kotlin
interface Animal{
    fun run()
}
interface Mammal{
    fun feed()
}
interface Canine : Mammal, Animal{
    fun bite()
    override fun feed()
}
```

本示例中的 Canine 接口同时继承了另外两个接口。虽然 Canine 重写了 Mammal 接口中的 feed()接口方法，但是这样的复写并没有实际的意义——除非 Canine 真正实现了这个方法。

一个接口能够同时继承多个接口，类同样也可以。不过类同时继承多个接口时，必须要实现所有接口中的全部方法，当然，虚类除外——如果实现接口是一个虚类，则虚类完全可以不用实现接口中的任何方法。

类也可以混合着继承——同时继承接口和基类。将上面这个示例中的 Mammal 和 Canine 接口改成类。

清单：Animal.kt

功能：类同时继承接口和基类

```kotlin
interface Animal{
    fun run()
}
open class Mammal{
    fun feed(){
        println("feed")
    }
}
```

```
}
class Canine : Mammal(), Animal{
    override fun run(){
        println("run")
    }
}
```

但是，如果将本示例中的接口 Animal 和类 Mammal 换成两个类，然后让第三个类 Canine 去继承这两个类。

清单：Animal.kt

功能：类同时继承多个接口

```
open class Animal{
    open fun run()
}
open class Mammal{
    open fun feed()
}
class Canine : Mammal(), Animal(){
    override fun run(){
        println("run")
    }
    override fun feed(){
        println("feed")
    }
}
```

这样就不行了，因为 Kotlin 与 Java 一样，不支持同时继承多个类。同时，在类继承时，必须要在被继承的类的类名后面添加括号，而接口名后则不必加括号。这就是两者的不同之处。其实，在被继承的类名后面添加括号，聪明的你可能想到了，这其实是继承了类的主构造函数。下一节会讲这方面内容。

4.2.2 构造函数继承

上一节谈到，类可以继承其他类，但是不能同时继承多个类。究其原因，可能需要追溯到 C++的那个历史时期了。C++是支持类同时继承多个基类的，但是这样做会带来很多令人头疼的问题，所以 Java 便将这个特性彻底抹杀——就像抹杀指针一样。

类继承时，被继承的类名后面需要添加括号，这其实就是对类的主构造函数的继承。

在上一节的示例中，被继承的类并没有显式定义主构造函数，因此继承语法比较简单。如果被继承的类显式定义了主构造函数，情况会怎么样呢？修改上述示例中的 Animal 类，为其显式定义主构造函数，修改后的 Animal 类定义如下：

```
open class Animal(name: String){
    fun run(){
        println("animal run")
    }
}
```

修改后的 Animal 类的主构造函数包含一个入参。对于任何想继承该类的子类，都必须继承该构造函数。子类可以显式定义主构造函数，其参数列表必须要覆盖基类的主构造函数参数列表（参数名、参数类型和顺序必须保持一致）。下面的这个类继承了 Animal 类：

```
class Mammal(name: String) : Animal(name){
    open fun feed(){
        println("mammal feed")
    }
}
```

子类显式定义主构造函数来继承包含主构造函数的父类，这种做法并不是唯一的选择——子类也可以不显式定义主构造函数，而是通过二级构造函数继承父类的主构造函数，只需要保证子类的二级构造函数的参数列表能够覆盖父类主构造函数的参数列表即可——必须是参数名、参数类型和顺序都完全覆盖。下面所定义的子类便是一个例子：

```
class Canine : Animal{
    constructor(name: String):super(name){
        //do something
    }
}
```

Canine 类并没有显示声明主构造函数，而是通过二级构造函数完成对父类主构造函数的继承。

前文讲过，一个类不仅可以有主构造函数，还可以有很多次构造函数。下面的

Middleware 类定义了一个次构造函数：

```
open class Middleware{
    var type:Int = 0

    constructor(type:Int){
        this.type = type
    }
}
```

如果有子类想继承该类,则必须要复写父类的次构造函数——这与父类的主构造函数也必须被子类继承的规则是一致的。在 Java 中，并没有这样的规定，父类中所定义的任何构造函数，默认都会被子类所继承，父类中被声明为 private 类型的构造函数除外。这一点也反映出 Kotlin 与 Java 之间存在明显对立的编程哲学，在构造函数这方面，Java 显示出其优雅的一面，而 Kotlin 则稍显烦琐。同时，Kotlin 的构造函数继承与方法和属性的继承规则也明显给人一种对立的设计哲学——对于方法和属性，必须声明为 open 的，子类才能继承和复写，而构造函数作为一种特殊的函数，却并不遵守这一规定，这突破了广泛意义上的统一原则，比较"自相矛盾"。个人猜想，可能是因为 Kotlin 在构造函数这方面，对 C++构造函数的继承法则吸收得比较多，因此保留了 C++的那一套。

对于父类中的次构造函数，子类可以通过显式定义主构造函数来继承。下面这个类继承了 Middleware 类：

//主构造函数继承次构造函数

```
class MQ(type: Int) : Middleware(type) {

}
```

对于父类中的次构造函数，子类除了可以通过显式定义主构造函数来继承，也可以通过声明一个次构造函数来继承，例如下面这个示例：

```
open class Kafka : Middleware{

    //次构造函数继承次构造函数
    constructor(type: Int) : super(type){
```

```
    }
}
```

提升一下格局，如果父类中有多个次构造函数，那么子类该如何继承呢？难不成每个构造函数都要继承一次？还好，Kotlin 在这一点上坚持了简洁的本色——如果父类中有多个次构造函数，则子类只需要继承其中一个，例如下面这个示例：

```
open class Kafka : Middleware{
    //次构造函数继承次构造函数
    constructor(type: Int) : super(type){

    }

    constructor(type: Int, name:String):this(type){

    }
}
class Metaq : Kafka{
    //随便继承父类的一个次构造函数即可
    constructor(type: Int) : super(type){

    }
}
```

在本示例中，在 Kafka 中定义了两个次构造函数，子类 Metaq 只需要随便继承一个即可。

格局可以再提升一把，思维可以再扩散一点——如果父类中既定义了主构造函数，又定义了多个次构造函数，子类该如何去继承呢？对于这种情况，本书不再一一去举例说明，有兴趣的道友可以自行推演，笔者只能说，有许多细节还是不同的。抛开 Kotlin 中构造函数相对复杂的继承规则不谈，回归到构造函数的本质，其本质就是为开发者提供一个内存分配的接口——无论在 Java 还是 Kotlin，以及 Scalar 等其他基于 JVM 虚拟机的编程语言中，开发者都不能直接调用底层所开放的内存申请 API 去为类型实例申请内存空间，只能通过构造函数。只不过构造函数的设计者当初在设计构造函数时，发现既然构造函数是用于内存申请的，同时构造函数还作为一种特殊的函数，那么就可以为其传递参数，通过参数来完成对所申请的内存空间中的部分数据的初始化，从而提升编程的简洁性。在不同的场合下，在为类型对象实例申请内存空间时，所需要初始化的内存空间数据不同，因此可以定义多个构造函数，它们的参数列表也不同。开发者可以随便调用其中任意一个构造函数用于构建对象实例。这就是构造函数继承的关键所在——不管父类还是子类，开发者只需要有一个构造函数，就够了。

当然，聪明的你如果认真看了上一节的内容，你肯定会注意最后一段话中的下面一句话：

"在类继承时，必须要在被继承的类的类名后面添加括号。"

你当时肯定认为这句话是错的，因为实际上好像并不是这样，有的时候不在被继承的类名后面添加括号也没问题。

事实上，这句话的确是错的。看完本节你应该知道，如果子类通过次构造函数继承了父类主构造函数，则在类继承时，就无须在被继承的类名后面添加括号了。

4.2.3　接口方法的多重继承

无论在 Java 还是在 Kotlin 中，一个类都无法同时继承多个父类，但是如果父类又继承了另一个基类，如此便可以形成一棵"继承树"。在一棵继承树中，一个类可以有多个基类，只不过这些基类之间本身也有继承关系。

在子类中，可以通过 super 关键字调用父类中的某个方法。当一个类的多个基类都同时定义了同一个方法时，那么在子类中通过 super 关键字去调用父类的方法时，会调用哪一个父类的同名方法呢？下面的例子演示了这种情况：

```
open class Middleware{
    open fun init(){
        println("middle ware init")
    }
}

open class Kafka(type: Int) : Middleware(type){
    override fun init(){
        println("kafka init")
    }
}
```

```
class Metaq : Kafka{
    override fun init(){
        super.init()
    }
}
```

本示例中的 Metaq 类拥有两个基类：Middleware 和 Kafka。Metaq 类的 init()方法调用了 super.init()方法。由于 Metaq 的两个父类都定义或重写了 init()方法，因此理论上 super.init()这种写法可以调用到这两个父类中的任意一个方法。但是事实上，子类通过 super 关键字只能调用到其所继承的最低级父类的方法，因此在本示例中，最终调用的是 Kafka 的 init()方法。这主要是因为在 Kotlin 中，只支持单一继承，即不允许一个类同时继承多个基类。然而接口并不遵循"单一继承"的原则，一个类可以同时继承多个接口，同样，一个接口也能同时继承多个接口，如果所继承的多个接口中都定义并实现了同一个方法，那么仅仅使用 super 关键字调用父类接口中的方法，编译器就会由于不知道究竟调用哪一个父类接口中的方法而报错，因此就需要增加对父类的标示，例如下面的示例。

清单：Middleware.kt

功能：接口的多重继承

```
interface Middleware{
    fun init(){
        println("middle ware init")
    }
}

interface Kafka : Middleware{
    override fun init(){
        println("kafka init")
    }
}

//同时继承两个接口
class Metaq : Kafka, Middleware{

    override fun init(){
        //这里必须添加泛型，标明调用哪一个父类的方法
```

```
        super<Kafka>.init()
    }

}
```

本示例中的 Metaq 类同时实现了两个接口类,而这两个接口类中都定义并实现了同名方法 init(),因此在 Metaq 中试图通过 super 关键字调用父类接口中的方法时,必须通过泛型来指定所调用的父类接口。

4.3 继承初始化

在前文讲过,当 JVM 虚拟机实例化一个类时,会依次执行如下逻辑:

1. 在类路径下找到 Animal.class。

2. 在 JVM 的 heap 内存区域(即堆区)为 Animal 实例分配足够的内存空间。

3. 将 Animal 实例内存空间清零,将其实例对象内的各个基本类型的字段都设置为对应的默认值。

4. 如果字段在声明时被进行了初始化,则按顺序执行各个字段的初始化逻辑。

5. 如果定义了 init{}块,则执行 init{}块中的逻辑。

6. 如果定义了构造函数,则执行构造函数中的逻辑。

Kotlin 类的实例化过程完全遵循这一规范,因此当在 Kotlin 中声明一个属性时,属性的初始化顺序也会按照上面第 4、5、6 步骤的顺序进行。

当面向对象遇到继承时,类的初始化顺序就不再仅仅与类自己有关了,还会与继承息息相关。对此过程我们需要有一个宏观的认知。观察下面的示例。

清单:Base.kt

功能:类继承与初始化顺序

```
open class Base{
    constructor(){
        println("base constructor")
```

```
    }

    init{
        println("base init")
    }
}

open class ExtendKlass : Base{
    constructor() : super(){
        println("sub constructor")
    }

    init{
        println("sub init")
    }
}

class SubExtendKlass : ExtendKlass{
    constructor() : super(){
        println("sub sub constructor")
    }

    init{
        println("sub sub init")
    }
}

fun main(args:Array<String>){
    var base = SubExtendKlass()
}
```

运行该程序，输出如下结果：

```
base init
base constructor
sub init
sub constructor
sub sub init
sub sub constructor
```

本示例在 main()主函数中仅仅实例化了在继承树中处于"底层"的 SubExtendKlass
类，但是从运行结果看，其父类以及其父类的父类的 init{}块逻辑和构造函数都被执行到了，由此可知，当子类构造函数被执行时，其父类以及继承体系中的所有父类的构造函数都会被执行。前文讲过，在执行类的构造函数前，JVM 虚拟机会先调用其init{}块逻辑，因此在父类的构造函数被执行之前，其对应的 init{}块会被执行。这就是上面这个程序运行后会输出那样一种结果的原理所在。

前面讲过，Kotlin 和 Java 等基于 JVM 虚拟机的编程语言，留给开发者申请内存的接口只有构造函数，因此当程序调用构造函数时，实际上是在尝试为该类申请内存空间并初始化这段内存空间中的部分数据。在本示例中可以看到，当调用子类的构造函数为子类申请分配内存时，父类的构造函数也被调用，这是否意味着 JVM 虚拟机在为子类分配内存空间之前，必须先为其父类创建一个对象实例并分配内存呢？从表面看似乎是这样，因为父类的构造函数的确被调用了。然而事实上并不是这样。从外部看类的继承机制，似乎子类拥有与父类相同的接口，但是继承并非仅仅是简单地复制父类接口，继承还包含了"数据"的复制。当 JVM 虚拟机创建子类的实例对象时，其实父类的"实例对象"所需要的字段已经被包含在了子类实例对象的"字段"集合中，这看起来好像子类实例中包含了父类实例的一个"子对象"。这里面的关键之处便在于：

类的继承，不仅仅是对接口的继承，更重要的是对字段属性的继承。

当一个子类继承了某个父类，则该子类便从父类那里继承了全部的属性。而子类又会有自己的属性，因此，父类的属性集必定是子类属性集的一个子集。当子类完成实例化后，JVM 虚拟机为子类分配完内存空间，其实其父类字段所需要的内存空间便已包含在内，因此从结果看，似乎父类也完成了"实例化"。但是，这仅仅是从结果看到的一个幻觉，因为 JVM 虚拟机并没有真正为父类及父类的父类专门单独分配一段内存空间，换言之，JVM 并没有真正对父类及父类的所有父类们进行实例化。

既然 JVM 并没有真正对父类及父类的所有父类们进行实例化，那为何在执行子类的构造函数之前，又要调用父类的构造函数呢？并且构造函数的本质功能就是申请内存。

但是别忘了，构造函数除了申请内存，还有一个功能就是数据初始化。前文多次讲过，构造函数的设计者设计出构造函数这么一个像"函数"的东西，你发现可以为其传递参数，这样当对象实例的内存空间申请成功之后，可以顺便将部分内存空间填

充上具体的数据。JVM 实例化子类的同时会调用父类的构造函数的用意正在于此
——通过父类的构造函数直接将子类实例内存空间中属于父类字段的那部分内存空
间填充上具体的数据，从而完成部分字段的初始化。

4.4 类型转换

面向对象编程语言的可继承机制，带来了丰富多彩的类型继承方法，为使用编程
语言描述五彩斑斓的大千世界提供了一个强有力的武器。

提出类的继承机制的初衷，大体上出于以下两方面的考虑：

- 一方面是为了设计一些特殊的算法和模式。

例如前文讲过的策略模式——通过抽象类这种机制，能够设计出高内聚、低耦合
的高可扩展性的程序组件。

- 另一方面则是为了实现一种通用的设计思想——面向接口设计。

面向接口设计不仅仅在面向对象编程语言里存在，在 C、C++等各种面向对象和
非面向对象的编程语言里普遍存在。通过面向对象的设计，真正实现隐藏实现细节。

无论是使用抽象类来实现策略模式，还是使用面向接口设计思想将实现细节隐藏，
都会涉及一个问题——类型转换。前文介绍的模板方法模式示例（本章前文的"虚类"
一节中的 AbstractCalculator 示例）中便涉及了类型转换，不过在该示例中，类型是自
动转换的。

关于类型转换，有两条不成文的规则：

- 可以向上转型，不能向下转。
- 编译期不报错，运行时报错。

很多人在理解"可以向上转型，不能向下转"这条法则的时候存在误区，因为在
类型转换的支持上，编译器做得并不是那么智能——如果你将类型向下强制转换，编
译器也能通过。其实，向上转，还是向下转，主要看实例对象实际的指向。

下面是一个可以验证这条法则的示例（Java 版——由于在 Java 中定义变量时必

须指定变量类型，而在 Kotlin 中只需使用 var/val 关键字，如果变量未被初始化，则不知道变量的真实类型是什么，因此这里使用 Java 语言进行演示）：

```java
//基类
public class Base {
    public void print(){
        System.out.println("base print");
    }
}
//继承类
public class SubClass extends Base {

    public void print2(){
        System.out.println("sub print");
    }

    //测试
    public static void main(String[] args){
        Base base = new Base();

        //将基类强制转换为子类
        SubClass subClass = (SubClass)base;

        subClass.print2();
    }
}
```

在本示例的 main() 函数中，先声明一个基类实例 base，接着声明一个子类对象 subClass，但是其值为 base 被强制转换后的类型实例。这里通过强制转换，将基类转换为子类。奇怪的是，编译器并不会报任何错误，直到运行期，才会抛出下面这样一个错误：

```
java.lang.ClassCastException: com.Base cannot be cast to
com.SubClass
```

我们不禁有个疑问：为何编译器明知 base 是一个基类类型，而在程序中却要将其转换为子类，这明显是不能强制转换的，编译器为何就不报错呢？其实，不是编译器不报错，而是编译器无能为力——它无法检测这种转换是对还是错。问题的关键在于，判断一种转换是向上还是向下，不能看变量的类型，而要看变量所指向的实际类型。

聪明如你者一定会思考为啥会这么设计？答案也很简单，只需要换位思考一下，想想如果不这么设计，会出现什么情况——如果不这么设计，则面向接口设计的思想将成为空谈。对于面向接口设计的思想，稍有编程经验的开发者都不会陌生，并且还会在项目中广泛使用。在基于面向接口设计原则开发程序时，必定会发生以下两种转换：

- 在调用接口之前，会实例化子类，将子类实例作为入参传递给接口，这里发生了隐式转换——由子类转换为基类。
- 在接口内部，则可以将基类类型的入参变量强制转换为子类并调用子类的方法。

在第二步中，将基类强制转换为子类，是正确的——因为基类变量实际上指向的是子类实例对象。将前文的模板方法模式的算法示例加以改造，对类型转换进行补充说明：

```
class CalcFactory{
    private Integer operand1;
    private Integer operand2;

    public void calc(AbstractCalculator calc){
        Integer result;
        if(calc instanceof Plus){
            Plus plus = (Plus)calc;
            result = plus.calculate(operand1, operand2);
            System.out.println("result=" + result);
        } else if(calc instanceof Multi){
            Multi multi = (Multi)calc;
            result = multi.calculate(operand1, operand2);
            System.out.println("result=" + result);
        }
    }
}
```

在本示例中定义了一个工厂类，其中所引用的 AbstractCalculator、Plus、Multi 这几个类型都在前文进行过定义，这里不重复贴出来。虽然本示例写得比较拙劣，但是却能够说明问题——在本示例中，工厂方法 calc() 的入参是基类 AbstractCalculator，而在工厂方法内部，对该基类进行类型判断，根据不同的判断分支，将基类转换为对应的子类——这种转换是成立的，因为当从外部试图调用这个工厂方法时，必须要传入一个具体的子类实例对象。因此尽管工厂方法的入参变量是基类类型，但是该变量（实际上是一个指针）实际上指向一个子类，因此在工厂方法内部将该变量指针强制转换为对应的子类类型，程序就能正确地执行下去。

Kotlin 提供的类型强制转换语法如下：

```
m as Type
```

主要通过 as 关键字完成类型转换。例如：

```
var a:Int = 1;
var b:Long = a as Long
```

虽然这里的 Int 并不能被强制转换为 Long，但是在编译阶段并不会报错。

在 Kotlin 中，不支持 instanceOf 这个操作符，代之以 is 关键字。例如：

```
fun main(args:Array<String>){
    var a = 1L
    println((a is Long))

    var b = a.toInt()
    println(b is Int)
}
```

会输出如下结果：

```
true
true
```

5

多态

5.1 概念

对下面这种示例，大家司空见惯：

```
open class Father{
open fun bar(){
    println("father.bar")
}
}


class Son : Father{
override fun bar(){
    println("son.bar")
}
}


class GrandSon : Son{
override fun bar(){
    println("grandSon.bar")
}
}
```

这里定义了 3 个类,这 3 个类之间依次继承,形成了一棵继承树。Son 和 GrandSon 都覆盖了其父类的 bar()方法,这就是"多态"——面向对象编程语言的三大特性之一(另外两个是封装和继承)。按照官方的定义,多态是指允许不同类的对象对同一消息做出响应,即对同一消息可以根据发送对象的不同而采用不同的行为方式(发送消息就是函数调用)。

5.1.1 重写

对于本例,通过使用基类,便能实现让不同的子类对同一个消息做出响应,下面是一个使用类:

```
class Work{
fun work(Father man){
    man.bar();
}
}
```

该类的 work()方法入参是 Father 类型,该类在上面这 3 个类所形成的继承体系中处于顶层。前文讲过,类与子类之间可以进行类型转换,并且只允许子类向上转型,因此,如果客户端调用该类的 work()方法,实际上可以传递 Father 类本身的实例对象,也可以传递其子类的实例对象。而到底传递哪一种类型的实例对象,在编译期是不知道的,只有在运行期,程序才能根据所传递的实际类型对象而调用对应的方法。

现实中关于多态的例子举不胜举。例如对于电脑键盘,同一个按键可以使不同的桌面程序做出不同的响应——例如按下 CTRL+M 组合键,如果当前激活窗口是 Chrome 浏览器,则在笔者的笔记本电脑上就会将浏览器最小化;如果当前激活的是 Word 文档软件,则会弹出段落设置的窗口。电脑按键的这种行为非常恰当而形象地诠释了"多态"的要义。

根据这个解释,多态与面向接口编程息息相关。而事实上,面向接口编程的确就是多态的一种技术实现方式。而根据上面的示例,多态肯定离不开继承,而事实上,面向对象的另外两大特性——封装和继承,似乎就是为了实现多态,或者说只有有了封装和继承这两大特性,才可能实现多态这种技术。

多态一个很显著的特点就是运行期绑定,也叫动态绑定。所谓动态绑定就是指在程序中定义的变量，其指向的真实类型和通过该变量发出的方法调用，在静态编译期并不能确定，而是要等到运行期间才能确定。比如刚才所举的电脑按键的例子，在安装一个新的软件之前，你永远不知道 CTRL+M 这个组合键到底会触发哪些对象的哪些行为——但是，只要你安装了新的软件，并且新的软件中定义了对该组合键的响应事件，那么该组合键就能够使新安装的软件程序产生响应，而这一切变化并不需要电脑操作系统本身做任何改变——只需要新安装的软件做改变即可。

这也正是多态的魅力所在！

Java 和 Kotlin 通过面向对象的编程思想，通过类继承的技术，能够让程序在运行期不用修改代码，就能绑定到不同的类型对象，并调用不同类型对象的具体方法，从而做到动态扩展程序而无须修改程序。

总体而言，在 Java 和 Kotlin 中，通常使用得最多的动态绑定机制是通过如下三种编程技巧来实现的：

- 一种是纯粹的类继承，如前文的示例。
- 一种是子类继承虚类、子类实现虚类中的抽象方法。
- 一种是面向接口编程。

这三种编程技巧都能在运行期进行动态绑定，在编译期，开发者也不知道类变量最终会指向哪一个实例对象。动态绑定的机制，在 JVM 虚拟机内部通过 vtables——虚方法表实现，关于具体的内部实现机制，可以参考笔者所编写的另一本著作：《揭秘 Java 虚拟机——JVM 设计原理与实现》。

这里所讲的多态技术其实有一个专门的术语——重写。其实，多态的表现形式不仅仅只有方法重写，还有一种形式，那便是"重载"。

5.1.2　重载

重载发生在同一类中，与父类、子类和继承毫无关系。重载是指在同一个类中定义了多个拥有相同名字的方法，但是这些同名方法的参数列表不同。这些函数之间其实彼此各不相同，只是可能它们的功能类似，所以才采用相同的命名，增加可读性，仅此而已！重载与动态绑定无关，重载在编译期就能由编译器分析出来从而进行静态绑定。

下面使用 Kotlin 定义了一个内部包含重载方法的类。

清单：MyPrint.kt

功能：Kotlin 重载

```kotlin
class MyPrint(){
fun print(strValue:String){
    println("strValue="+str)
}

fun print(intValue:Int){
    println("intValue"+intValue.toString())
}

fun print(longValue:Long){
    println("longValue"+longValue.toString())
}

fun print(charValue:Char){
    println("charValue"+charValue.toString())
}
}
```

该类中定义了4个方法——这4个方法的方法名都完全相同，但是入参类型不同。在编译期，开发者可以调用其中任意一个方法，编译器会根据你的入参类型自动匹配对应的方法，例如：

```kotlin
fun main(args:Array<String>){
    var printer = MyPrint()
    printer.print('a')
    printer.print(21L)
}
```

该程序运行后的输出如下：

```
charValue=a
longValue=21
```

从输出结果可知，程序的确根据所传递的入参类型，调用了与入参类型相对应的方法。这种绑定关系在编译期就能确定下来。

然而如果你以为编译器只能做这些，那么你就错了——在重载时，如果实参类型与方法形参类型并不相同，编译器也能进行正确的匹配——前提是实参与形参之间要有继承关系。改造上面的 Animal 示例，在其中新增两个类——Animal 和其子类 Dog。

清单：MyPrinter.kt

功能：重载

```kotlin
open class Animal{
    var name:String? = null

    constructor(name:String){
        this.name = name
    }
}


class Dog(name: String) : Animal(name) {

}
```

同时在 MyPrint 类中新增一个 print()方法，接受 Animal 类型的入参：

```kotlin
class MyPrint(){
    fun print(strValue:String){
        println("str="+strValue)
    }

    fun print(intValue:Int){
        println("intValue"+intValue.toString())
    }

    fun print(longValue:Long){
        println("longValue="+longValue.toString())
    }

    fun print(char:Char){
        println("charValue="+char.toString())
    }
```

```kotlin
    fun print(animal: Animal){
        println("animal="+animal.name)
    }
}
```

接着进行如下测试：

```kotlin
fun main(args:Array<String>){
    var printer = MyPrint()
    var dog = Dog("jack")
    printer.print(dog)
}
```

该测试程序中，dog 变量实际指向的是 Dog 类型实例，但是在调用 print()方法时，编译器也能够通过，这是因为虽然实参是 Dog 类型，方法形参是 Animal 类型，但是这两者之间是继承关系。运行该程序，输出如下：

```
animal=jack
```

不过，如果 print()重载方法中有一个形参类型与实参类型完全匹配，则编译器会优先调用这个匹配的方法。在 MyPrint 类中新增一个方法，其形参就是 Dog 类型：

```kotlin
class MyPrint(){
    fun print(strValue:String){
        println("str="+strValue)
    }

    fun print(intValue:Int){
        println("intValue"+intValue.toString())
    }

    fun print(longValue:Long){
        println("longValue="+longValue.toString())
    }

    fun print(char:Char){
        println("charValue="+char.toString())
    }

    fun print(animal: Animal){
        println("animal="+animal.name)
    }
```

```
fun print(dog: Dog){
    println("dog="+dog.name)
}
}
```

现在再运行刚才的 main()函数，输出变成了：

```
dog=jack
```

这说明现在执行 printer.print(dog)，实际上调用的是 fun print(dog:Dog)这个方法。

5.2 扩展

5.2.1 概念

"扩展方法使你能够向现有类型"添加"方法，而无须创建新的派生类型，重新编译或以其他方式修改原始类型。"

这是 MSDN（Microsoft Developer Network，微软开发者站点）上说的，MSDN 的这段话其实在描述 C#（c sharp）语言的一种语法特性——你可以对 String、Int、DataRow、DataTable 等基础类型增加一个或多个方法，同时不需要修改或编译类型本身的代码。当然，你也可以无须修改代码就能对自定义的类型增加一个或多个方法。

先举个例子，在项目中通常都有数字与字符串之间相互转换的需求，假设需要将字符串转换为数字，在 Java 中通常会创建一个 Util 类，然后定义一个函数，其入参是字符串类型。所构造的工具类如下。

清单：Converter.java

功能：字符串转整型

```
public class Converter{

    /** 将字符串转换为整型 */
    public static Integer str2Int(String str){
        try{
            Integer intValue = Integer.valueOf(str);
            return intValue;
```

```
        } catch(Exception e){
            System.out.println(e);
            return null;
        }
    }

}
```

在你的工程中可以直接引用该类的静态方法,并调用该方法完成字符串到数字的转换。C#与 Java 语言类似, 都是面向对象的编程语言, 如果在 C#中遇到同样的字符串转数字的需求, 则可以这样编程。

清单: Converter.cs

功能: 字符串转整型

```
public class Converter
{

    public static int String2Int(string str)
    {
        try
        {
            int intValue = int.Parse(str);
            return intValue;
        }
        catch
        {
            return 0;
        }
    }

}
```

无论是在 Java 还是 C#中, 要完成某些特定的功能, 都可以通过定义工具类来实现, 这在 Java 中几乎已经成为一种习惯和传统。然而, 在 C#中, 如果你想为某些核心类库尤其是 SDK 中的类库扩展方法, 除了可以定义工具类来实现外, 还有一种办法, 那就是扩展。在 C#中, 可以不对核心类库进行修改(事实上 SDK 中的类库你也修改不了), 通过扩展就可以做到。对于上面的示例, 完全可以通过扩展为 String 这个核心类增加新的函数。

清单：Converter.cs

功能：C#扩展函数

```
internal static class Converter
{

    public static int String2Int(this string str)
    {
        try
        {
            int intValue = int.Parse(str);
            return intValue;
        }
        catch
        {
            return 0;
        }
    }

}
```

修改之后，在客户端可以这样调用：

```
int num = str.String2Int();
Console.WriteLine("str is {0},num2 is {1}", str, num);
```

看到没？我们竟然可以让核心类库 String 通过 str.String2Int()的方式调用自定义的方法 String2Int()，这看起来就好像 C#的 String 这个核心类中原来就有 String2Int() 方法，这简直有点"逆天"，有没有！

可惜在 Java 中没有这种用法！

不过还好，Kotlin 是支持这种文法的。

5.2.2 Kotlin 的扩展

在 Kotlin 中，也可以为核心类库定义扩展。我们将上面将字符串转换为整型数字的示例使用 Kotlin 来实现。

清单：Converter.kt

功能：Kotlin 函数扩展

```
fun String.str2Int() : Int{
    try{
        var int = this.toInt();
        return int;
    }catch(e:Exception){
        return 0;
    }
}
```

在本示例中，我们为 String 这个核心类定义了 str2Int()函数，注意，在其内部使用 "this" 关键字来指代 String 类示例对象。完成函数定义后，接下来就可以这么来使用：

```
fun main(args:Array<String>){
    var str = "123"
    var int = str.str2Int()
    println(int)
}
```

在 main()方法中，可以直接这样调用新定义的函数：

```
str.str2Int()
```

看起来是不是很高大上？天哪，我们竟然可以随意为 Kotlin 核心类库增加新的方法！这其实就是 "函数扩展" ——为类型定义新的函数。

通过上面的例子可以看出，Kotlin 相比于 C#而言，函数扩展的语法更加优美，更加朴实易懂——在 C#中，扩展方法必须要遵循如下 3 个文法规定：

- 被包含在一个被声明为 static 类型的类中。
- 被扩展的函数本身也必须被声明为 static 类型。
- 被扩展的函数的第一个入参必须以 "this" 开头。

相比之下，Kotlin 扩展函数的文法非常简单，没有那么多条条框框的限制，就像定义普通函数那样，只不过需要在函数名前面加上被扩展的类型名称。

函数扩展对类型没有任何限制，自定义的类型也可以被扩展。下面给出一个完整的示例。

清单：Extends.kt

功能：自定义类型的函数扩展

```
class MyClass{
    var name:String? = null

    constructor(name:String){
        this.name = name
    }

    fun foo(){
        println("foo")
    }
}

fun MyClass.bar(){
    println("bar")
}
fun main(args:Array<String>){
    var klass = MyClass("my class")
    klass.bar()
}
```

本示例为自定义的类型 MyClass 扩展了一个 bar()方法，扩展后，便可以直接调用，像调用该类内部的成员方法一样调用扩展函数。

5.2.3　扩展与重载

看起来似乎函数扩展无所不能，但是其实也有一个内在的限制——所扩展的函数不能与类内部已有的函数签名相同，或者套用"多态"里面的术语来说，扩展函数不能是对类已有函数的"重写"。虽然在语法上是允许这么做的，但是在运行期它会失效。看下面的示例。

清单：Extends.kt

功能：扩展与重载

```
class MyClass{
    var name:String? = null

    constructor(name:String){
        this.name = name
    }

    fun foo(){
        println("foo")
    }
}

fun MyClass.bar(){
    println("bar")
}

fun MyClass.foo(){
    println("extended foo")
}
```

本示例的MyClass中定义了foo()函数,但是本示例同时又为该类扩展了一个foo()函数——编译器对此选择性"失明"。但是,由于这两个函数一模一样,程序在运行时必须二选一。那么,到底会选中哪一个呢?下面进行测试:

```
fun main(args:Array<String>){
    var klass = MyClass("my class")
    klass.bar()
    klass.foo()
}
```

运行该程序,输出结果如下:

```
foo
```

这说明程序最终执行的是定义在 MyClass 内部的 foo()函数。

由此可以得出结论:当扩展函数与类内部所定义的函数完全相同时,以类内部所定义的函数为准,扩展函数并不会生效。如果你想深究 Kotlin 为何要这么设计,不妨反过来想一想,如果 Kotlin 真的允许以扩展函数为准,那么结果将是灾难性的——

我们完全可以将 Kotlin 核心类库的接口函数全都按照自己的意志重写一遍。

当黑客们看到这一点时，一定会非常高兴，他们可以通过扩展重写核心方法实现，从而在你的机器上做任何他们想做的事情。

不过，扩展函数可以是对类函数的"重载"——MyClass 自己的 foo()函数没有入参，我们可以为 MyClass 扩展一个带入参的 foo()函数。

清单：Extends.kt

功能：扩展与重载

```
class MyClass{
    var name:String? = null

    constructor(name:String){
        this.name = name
    }

    fun foo(){
        println("foo")
    }
}

fun MyClass.bar(){
    println("bar")
}
fun MyClass.foo(a:Int){
    println("a=$a")
}


fun main(args:Array<String>){
    var klass = MyClass("my class")
    klass.bar()
    klass.foo(3)
}
```

在该示例中，为 MyClass 类扩展了一个带入参的 foo()方法，这种方式的效果与为类定义重载方法的效果是一样的。

5.2.4 函数扩展的多态性

上一节讲过，函数扩展时不支持对类方法的"重写"——如果类中已经定义了一个方法，则不能扩展一个完全相同的方法。就算扩展了，也不生效，虽然能够编译通过。

同时，函数扩展时支持对类方法的"重载"——扩展函数可以与类中已经定义的方法同名，但是入参列表必须不同。

但是，在对类方法进行"重载"式扩展时，如果重载函数与类函数的入参类型不同，但是类之间有继承关系，结果会怎样呢？下面是一个对应的示例。

清单：Extends.kt

功能：函数扩展时的多态性研究

```kotlin
/** 定义两个类，Dog 类继承 Animal 类*/
open class Animal{
    var name:String? = null

    constructor(name:String){
        this.name = name
    }
}

class Dog(name: String) : Animal(name) {

}

/** ============分隔线============ */

/** 函数扩展 */
class MyClass{
    var name:String? = null

    constructor(name:String){
        this.name = name
    }

    fun foo(animal: Animal){
```

```
        println("animal="+animal.name)
    }
}

fun MyClass.foo(dog: Dog){
    println("dog="+dog.name)
}
```

本示例首先定义两个有继承关系的类——Animal 和 Dog，为接下来的函数扩展的多态性研究做准备。接着在 MyClass 类中定义 foo(Animal)方法，其入参是基类 Animal。同时，本示例为 MyClass 扩展了一个函数 foo(Dog)，其入参是 Animal 的子类。那么当下面这段程序运行时，究竟会是怎样一种结果呢？

```
fun main(args:Array<String>){
    var animal = Animal("jack")
    var dog = Dog("mike")

    var klass = MyClass("my class")
    klass.foo(animal)
    klass.foo(dog)
}
```

在该测试方法中，分别声明 Animal 类和 Dog 类的实例对象，然后将这两个实例对象作为实参，分别传递给 klass 的两个 foo()方法。

由于在示例中，我们为 MyClass 类扩展了一个带有 Dog 类型入参的 foo()方法，因此在调用 klass.foo(dog)时，给人的感觉程序应该会调用我们扩展的函数。但是程序运行的结果却是：

```
animal=jack
animal=mike
```

根据这个运行结果可知，系统并没有调用我们扩展的函数，而是调用了 MyClass 内部的 foo()函数。

聪明的你可以想一想，为什么会这样？

其实，Kotlin 决定这么做，最终还是为了安全的原因——与上一节所讲的一样，如果扩展函数可以代替核心类库的自身方法，那么核心类库将变得不再安全——你可以随便通过扩展函数在运行期动态替换核心类库的实现，而这样所带来的后果将是灾难性的！

与多态相关的函数扩展还包含一种情况——这次真的与多态有关，因为系统必须决定到底应该由谁来产生响应。请看下面的示例。

清单：Extends.kt

功能：扩展函数的多态性研究

```kotlin
/** 定义两个类，Dog 类继承 Animal 类*/
open class Animal{
    var name:String? = null

    constructor(name:String){
        this.name = name
    }
}

class Dog(name: String) : Animal(name) {

}

/** ============分割线============ */

/** 为主、子类同时扩展同一个函数 */
fun Animal.eat(){
    println("animal eat")
}

fun Dog.eat(){
    println("dog eat")
}
```

在本示例中，依然定义了两个有继承关系的类——Animal 和其子类 Dog。但是，程序却分别为这两个类扩展了同样一个函数——eat()，所扩展的函数名相同，入参列表也完全相同（根本就没有入参）。对于这样的情况，如果有一个方法入参是基类 Animal，在方法内部调用 Animal.eat()方法时，由于示例程序同时为父类和子类都扩展了 eat()函数，那么，若客户端调用该方法，并且所传进来的实参类型是子类 Dog，系统究竟会调用父类还是子类的 eat()方法呢？看下面的示例。

```kotlin
/** 扩展函数使用 */
class MyClass{
    var name:String? = null

    constructor(name:String){
        this.name = name
    }

    fun foo(animal: Animal){
        animal.eat()
    }
}
```

现在就定义了 foo()方法，这个方法符合刚才所说的情况——其入参是父类 Animal。接着看测试程序：

```kotlin
fun main(args:Array<String>){
    var animal = Animal("jack")
    var dog = Dog("mike")

    var klass = MyClass("my class")
    klass.foo(animal)
    klass.foo(dog)
}
```

这里的测试程序与前文的一致，同时定义了 Animal 和 Dog 这两个类的实例变量，并且同时将它们作为实参调用 klass.foo()。

尝试猜想：klass.foo(dog)函数运行时，在 MyClass.foo()内部执行 animal.eat()时，到底会调用 Animal 类的 eat()方法，还是会调用 Dog 类的 eat()方法呢？

运行程序，输出如下结果：

```
Animal eat
Animal eat
```

从这个输出结果可以看出，无论传递的实参是父类还是子类，最终都只调用父类 Animal 的 eat()方法。之所以会这样，是因为 Kotlin 在对扩展函数进行绑定时，使用的是“静态绑定”机制，即在编译期绑定，而非延迟到运行时。由于是静态绑定，编译期根本不知道实际运行期的基类变量指针究竟会指向哪个子类，因此便索性不做任何猜想，编译期调用的是哪一个类的扩展函数，运行期便也调用这个类的扩展函数，即使这个类实际并不指向其所对应的实例对象。

由此可以进一步得出，函数扩展与多态之间存在本质的区别：

- 函数扩展一定是静态绑定。
- 多态的重写是动态绑定。

如果上面的示例使用多态机制实现，而非扩展，那么结果是完全不同的。将上面的示例改成使用多态的方式来实现。

清单：Extends.kt

功能：多态与扩展的区别

```kotlin
open class Animal{
    var name:String? = null

    constructor(name:String){
        this.name = name
    }

    open fun eat(){
        println("Animal eat")
    }
}


class Dog(name: String) : Animal(name) {
    override fun eat(){
        println("Dog eat")
    }
}
```

在本示例中，父类和子类都定义了 eat() 方法，子类实现了对父类该方法的覆盖。MyClass 和 main() 测试程序与上面的示例保持一致，测试结果会变成如下这样：

```
Animal eat
Dog eat
```

5.2.5 函数扩展原理

函数扩展看起来十分神奇——至少当笔者第一次见到这种语法时,感觉真是无比奇妙!

不过,当笔者揭开这层神奇的面纱,看到其背后的实现机制时,却再也没有了神奇的感觉——因为其实现机制其实非常简单。

总体而言,函数扩展并没有修改其所扩展的类,并没有真正往其所扩展的类中插入一个新的方法。函数扩展的目的仅仅是为了让编译器能够通过点号".",执行函数调用而已。

假设有一个类 A,其内部定义了 f1()方法,而开发者为其扩展了一个方法 f2()。则 f2()这个扩展函数存在的意义便是当你键入"A.f2()"这行代码时,编译器能够通过扩展函数表找到为 A 所扩展的 f2()函数,从而能够编译通过。

而在实现上,编译器明显使用了一个障眼法——本章一开始举了一个例子,将字符串转换为整型数字,在没有扩展函数之前,我们只能通过自定义一个工具类来实现。我们所定义的工具类需要提供一个方法,这个方法需要能够接受一个字符串类型的入参,如下所示:

```
fun str2Int(str:String):Int{
    try{
        var int = str.toInt()
        return int
    }catch(e:Exception){
        return 0
    }
}
```

而使用 Kotlin 的函数扩展功能之后,我们就可以这样来编写程序:

```
fun String.str2Int() : Int{
    try{
        var int = this.toInt();
        return int;
    }catch(e:Exception){
        return 0;
    }
```

```
}
```

刚才说过，这种扩展方式其实并没有改变 Kotlin 核心类库 String 的源码，并没有真的往 String 类中插入一个新的方法。函数扩展其实是编译器所使用的一种"障眼法"——当程序被编译后，其实这种扩展函数就变成了上面的那个工具类方法。换言之，扩展函数的这种声明方式：

```
fun String.str2Int()
```

会变成下面这种传统的声明方式：

```
fun str2Int(str:String)
```

同样，下面这种调用扩展函数的表达式：

```
fun main(args:Array<String>){
    var str = "33"
    var int = str.str2Int()
}
```

编译后其实会变成如下这种形式：

```
fun main(args:Array<String>){
    var str = "33"
    var int = str2Int(str)
}
```

这就是函数扩展的秘密所在。从这个意义上来讲，扩展函数存在的目的的确是为了让编译器完成函数与类的绑定。

为了证明这种机制是真实存在的，你可以在一个 Kotlin 源文件中同时定义下面两种方法：

```
fun String.str2Int():Int{
    try{
        var int = this.toInt()
        return int
    }catch(e:Exception){
        return 0
    }
}
```

```
fun str2Int(str:String):Int{
    try{
        var int = str.toInt()
        return int
    }catch(e:Exception){
        return 0
    }
}
```

这两种方法，一个是 String 类型的扩展方法，一个是非扩展方法，但是其包含一个入参 String。结果，编译器报错了！哈哈，你揭开了扩展函数的神秘面纱，或者说是"遮羞布"，结果编译器就盖不住了，自己宣布投降不干了！

它自己对自己所使的小诡计也看不下去啦。

5.2.6　属性扩展

由前文可知，函数扩展其实只不过是 Kotlin 所使的一个障眼法，既然 Kotlin 可以为类方法使障眼法，自然也可以为类属性使障眼法。

为类属性使障眼法也很简单，例如下面的示例。

清单：Animal.kt

功能：Kotlin 属性扩展

```
open class Animal{

}

val Animal.name : String
get(){
    return "john"
}
```

在本示例的 Animal 类中并没有声明 name 属性，但是通过扩展的方式，为 Animal 类扩展了一个 name 属性。这个扩展的属性可以被当作 Animal 中的正常属性一样使用，如：

```
fun main(args:Array<String>){
    var animal = Animal()
```

```
    println(animal.name)
}
```

在扩展类属性时，需要遵循如下 3 个规定：

- 扩展类属性时，只能使用 val 关键字，而不能使用 var 关键字。
- 扩展类属性时，必须明确声明属性的类型。例如本例中，val Animal. name:String，这里的 String 必须明确声明。
- 扩展类属性时，在 get()访问器中不能使用 field 关键字段。

现在揭开 Kotlin 类属性扩展的神秘面纱，其实 Kotlin 在扩展类属性时，相当于为类属性扩展了 get/set 访问器接口。

聪明的你也许会想，在 Kotlin 中声明类属性时，其实 Kotlin 编译器会自动为类属性生成 get/set 访问器接口，那么如果所扩展的属性名与类中原本声明的属性名完全相同，岂非是重复定义？

你说得很对，Kotlin 的确会在编译时自动为类属性生成对应的 get/set 访问器，当我们为类属性定义扩展时，扩展的 get/set 访问器就与类属性默认的 get/set 访问器重复了。对于这种情况，请参考前文"扩展与重载"一节。简单而言，如果真出现这种情况，编译器也不会报错，但是你所扩展的类属性其实并不生效，如下所示：

```
open class Animal{
    var name:String? = null
        get() {return "jim"}
}

val Animal.name : String
    get() = "john"
```

对于这种情况，Animal 类本身定义了 name 属性，此时再为其扩展一个同名的属性，其实并不会生效。

5.3 操作符重载

相比于 Java，Kotlin 还提供了一种强大的能力——操作符重载。通过操作符重载，你可以自定义两个变量执行相加、相乘、相除等运算的行为。毫无疑问，学过 C++ 的人都知道，C++是支持操作符重载的，因此笔者推测 Kotlin 很可能借鉴了 C++的这种文法。

5.3.1 Kotlin 中的操作符重载

在 Kotlin 中重载操作符很简单，只需要在函数前面添加 operator 关键字，就表示该函数是对操作符的重载。下面通过举例进行说明。

清单：Arith.kt

功能：操作符重载

```
open class Arith(var value:Int){

    /**
     * 重载乘法运算
     */
    operator fun times(arith: Arith) : Arith{
        println("ddd")
        this.value = this.value * arith.value
        return this
    }


    /**
     * 重载 toString()方法
     */
    override fun toString() : String{
        return value.toString()
    }

}
```

本示例中定义了一个 Arith 类，并在其中定义了一个操作符重载方法 times()。在该方法前面添加了 operator 前缀，用以表示这个函数是一个特殊的函数。在 Kotlin 中，times 函数名表示对 Arith 类乘法运算进行重载。

现在有了对 Arith 乘法的操作符重载，我们就可以对两个 Arith 类实例对象进行相乘运算了：

```kotlin
fun main(args:Array<String>){
    var arith1 = Arith(6)
    var arith2 = Arith(15)
    println(arith1 * arith2)
}
```

在这里我们对两个类型执行了 arith1 * arith2 乘法运算。输出结果如下：

90

本来像数学的四则运算，只能作用于类型都是数字型的操作数，而通过操作符重载，我们便可以突破这一约束。

在进行操作符重载时，可以对任意两种类型进行组合操作。在上面这个示例中，进行乘法运算的两个操作数都必须是 arith 类型，但是其实我们也可以将这个例子稍加修改，使其支持 arith 类型与其他类型相乘。

清单：Arith.kt

功能：操作符重载

```kotlin
open class Arith(var value:Int){

    /**
     * 重载乘法运算
     */
    operator fun times(arith: Arith) : Arith{
        println("ddd")
        this.value = this.value * arith.value
        return this
    }

    /**
     * 重载加法运算
     */
    operator fun plus(int:Int) : Arith{
        this.value = this.value + int
        return this
    }

    /**
```

```
     * 重载 toString()方法
     */
    override fun toString() : String{
        println("value="+value)
        return value.toString()
    }

}
```

在这个示例中，新增了一个操作符重载函数 plus()，这个方法可以对 Arith 的加法运算进行重载。注意，该方法的入参现在变成了 Int 类型，这表明我们可以将 Arith 类型变量与一个 Int 类型变量进行加法运算。测试程序如下：

```
fun main(args:Array<String>){
    var arith = Arith(6)
    println(arith + 2)
}
```

运行程序，结果输出为 8。

从以上示例可以看出，操作符重载函数的功能实在强大，当然，操作也非常简单，符合"小而美"的创新法则。但是有一点需要注意：

如果你没有为类型重载过某类操作符，则编译器不支持对该类进行这类操作运算。

例如，在上面的示例中，并没有为 Arith 类重载过减法操作符函数，那么如果你写出下面这行代码，编译器就会提醒你出错了：

```
var arith = Arith(6)
println(arith - 2)
```

编译器会提醒你这里的减号找不到引用。

5.3.2　通过扩展函数重载操作符

前面讲过，Kotlin 支持强大的函数扩展，可以不用修改类而为其增加新的方法。同样，我们也可以不用修改类而为其增加操作符重载函数。

仍然以上一节的 Arith 示例为例，上一节为 Arith 重载了乘法和加法操作符函数，因此我们可以将 Arith 类型变量与一个 Int 类型变量进行相加，我们可以这样编程：

```
println(arith + 2)
```

但是，如果你尝试将这里进行加法运算的两个操作数对调一下位置，变成如下：

```
println(2 + arith)
```

结果编译器报错了。编译器会提示你：对于 Int 类型，仅支持它与 Int、Byte、Double、Long 等基本数字类型进行加法运算，结果现在你想让 Int 类型与一个 Arith 类型的操作数进行相加，编译器就罢工了。

那该怎么办呢？其实很简单，我们可以通过扩展函数，为 Kotlin 核心类库 Int 扩展一个操作符重载的函数。扩展如下：

清单：Arith.kt

功能：通过扩展函数重载操作符

```
operator fun Int.plus(arith:Arith) : Int{
    var sum = this + arith.value
    return sum
}
```

扩展之后，再次尝试执行"2 + arith"运算，这次就能顺利编译通过，当然，也能执行成功。

5.3.3 操作符重载原理

操作符虽然给人的感觉非常高大上，但其实揭开其面纱，也并不那么神奇。

总体而言，操作符重载使用了下面两种手段：

- 如果在类的内部定义了操作符重载函数，则 Kotlin 会将使用该类进行相应运算的地方都替换成对重载函数的调用。
- 如果通过扩展的方式在外部为类型重载了操作符，则 Kotlin 会将其变成普通的方法（对应 Java 中的不可变静态方法），并将使用该类型进行相应运算的地方都替换成对该顶级方法的调用。

如上面的 Arith 示例，我们在该类内部定义了一个操作符重载函数 times()。在 main()函数中，我们通过如下方式来使用它：

```
println(arith1 * arith2)
```

那么编译后，Kotlin 会将这里的乘法关键字（也即乘号）进行替换，替换成如下形式：

```
println( arith1.times(arith2) )
```

同理，如果通过扩展的方式为类型重载了操作符函数，则编译器会将其变成普通的方法，将被扩展的类型作为方法的第一个参数，该方法原有的入参则从第二个位置开始依次往后排列。例如在上面的 Arith 示例中，我们通过扩展的方式为 Int 类型定义了一个加法运算符重载函数，函数定义如下：

```
operator fun Int.plus(arith:Arith) : Int{
    var sum = this + arith.value
    return sum
}
```

编译后，该函数被还原为普通的函数，会变成如下定义：

```
fun plus(int:Int, arith:Arith){
var sum = int + arith.value
return sum
}
```

同时，编译器会将程序中所有"Int + Arith"这种类型的表达式全都替换为对该函数的调用。

5.3.4 操作符重载限制

上面我们对目标类型重载了加法、乘法等数学四则运算符函数，当我们重载运算符函数时，不仅仅要在函数签名的最前面添加"operator"关键字，还需要确定正确的函数名——运算符重载的函数名称是受限的，并不是你想怎么命名就能怎么命名，例如，如果你重载的是加法操作，那么重载的函数名必须是 plus，如果是乘法操作，那么重载的函数名必须是 times。对于每一种数学运算，Kotlin 都规定了唯一的与之对应的重载函数名。

除了重载函数名受限，函数入参也受限。对函数入参的限制主要体现在数量，而对类型却不限制。例如，如果你想重载加法 plus()这个操作符运算函数，则其必须接受只包含一个入参的限制。虽然你可以不按规矩出牌而为 plus()函数声明多个入参，但是这样一来编译器就不知道如何使用它。

相对于函数名和入参，返回值可以不受任何限制，两个 Int 类型相加，你可以使其返回另一个类型，这样你可以更加灵活地描述自然界，例如驴和马杂交生出了骡子 ^_^。

其实，Kotlin 不仅仅支持简单的数学四则运算的操作符重载，还支持逻辑比较运算、等式运算、数组运算、列表运算，等等。

下面使用多张表进行了分类总结，对照这些表，你便可以清楚地知道你可以为哪些操作符重载函数（见表 5-1、表 5-2、表 5-3、表 5-4 和表 5-5）。

表 5-1　一元操作符

+a	a.unaryPlus()
−a	a.unaryMinus()
!a	a.not()
a++	a.inc()
a−	a.dec()

表 5-2　二元操作符

a + b	a.plus(b)
a − b	a.minus(b)
a * b	a.times(b)
a / b	a.div(b)
a % b	a.mod(b)
a..b	a.rangeTo(b)
a in b	b.contains(a)
a !in b	!b.contains(a)
a += b	a.plusAssign(b)
a −= b	a.minusAssign(b)
a *= b	a.timesAssign(b)
a /= b	a.divAssign(b)
a %= b	a.modAssign(b)

表 5-3　数组类型操作符

a[i]	a.get(i)
a[i, j]	a.get(i, j)
a[i_1, …, i_n]	a.get(i_1, …, i_n)
a[i] = b	a.set(i, b)
a[i, j] = b	a.set(i, j, b)
a[i_1, …, i_n] = b	a.set(i_1, …, i_n, b)

表 5-4　等式（equals）操作符

a == b	a?.equals(b) ?: b === null
a != b	!(a?.equals(b) ?: b === null)

表 5-5　激活（invoking）函数

a(i)	a.invoke(i)
a(i, j)	a.invoke(i, j)
a(i_1, …, i_n)	a.invoke(i_1, …, i_n)

5.3.5　中缀符

除了可以直接重载运算符外，Kotlin 还提供了一种逆天的功能——中缀符。所谓中缀符，就是两个操作数中间的运算符。通过中缀符，你可以将下面这种表达式：

```
a + b
```

改成下面这种形式：

```
a plus b
```

Kotlin 定义中缀符函数的形式如下所示：

```
infix fun Type.funx([param:type, [...]])[:type]{}
```

其中，中缀符函数必须包含关键字 infix，除此之外，其他的看起来就像是一个扩展函数。

可以为 Int 类型的加法运算定义中缀符函数：

清单：Plus.kt

功能：中缀符函数

```
infix fun Int.add(x:Int):Int{
    println("plus")
    return this+x
}
```

这么定义之后，"a + b" 这种表达式就可以写成如下形式：

```
a add b
```

中缀符函数的函数名不受特别限制，类型也不受任何限制。例如你可以将加法运算的中缀符函数命名为 plus、add 等。

不同的类型之间也可以进行中缀符操作，例如下面的示例（Arith 类型定义见上一节）：

```
infix fun Arith.divX(x:Int):Int{
    return this.value / x
}
```

定义了中缀符函数之后，便可以对一个 Arith 类型变量和一个 Int 类型变量进行如下操作：

```
arith divX 2
```

5.4　指针与传递

Kotlin 作为一种面向对象的编程语言，与 Java 一样，将"指针"的语法彻底隐蔽起来，不暴露给开发者。但是指针并没有真正消失，而是披了个马甲，被使了障眼法，继续"混迹于"大千世界中。在文法层面，Kotlin 和 Java 都通过对象引用符号（也即类型变量）持有对一块连续的内存地址的引用，这种引用其实就是指针，开发者可以通过相关的文法规则，基于这块内存地址访问其中处于特定偏移位置的数据和方法。而在 JVM 虚拟机层面，这种引用被转换为真正的指针，物理 CPU 可以识别并基于此进行内存寻址。

在 Java 和 Kotlin 世界里，不仅可以安全地使用指针，而且还玩出了不少新花样。例如，在类内部，通过"this"关键字就可以访问类本身。再如，一个接口指针可以指向其实现的子类对象实例。在调用函数时，对于类型对象也通过指针进行传递。尤其在传递函数参数的过程中，需要区分变量的类型——值类型还是引用类型，这对函数传参特别重要——你必须知道参数被传递进函数之后，其值会不会被修改。

5.4.1　Java 中的类型与传递

在 Java 中，对于整型、浮点型、字符、字节等数据类型，保留了其原始的基本类型，同时也有对应的包装类型，例如，int 类型对应的包装类型是 Integer，long 类型对应的包装类型是 Long。

如果有一个函数需要传参，那么 Java 的基本类型和包装类型应该是按值传递，还是按引用传递呢？有一种说法是，如果是简单类型就按值传递，如果是包装类型，就按引用传递。

但是事实真的是这样吗？

下面可以通过两个示例进行测试。第一个示例是关于基本类型的，如下：

```
public class Exchange{
public static void add(int x){
    x = x + 3;
}

public static void main(String[] args){
    int a = 3;
    add(a);
    System.out.println(a);
    }
}
```

该示例定义了一个 add()函数，该函数接受一个 int 基本类型的入参，并在方法内部修改入参变量的值。在外面调用 add(a)函数后，a 的值会不会发生变化呢？相信很多人都知道这个程序运行的结果是 3，即 a 的值不会发生变化。

a 的值之所以不会发生变化，是因为当调用 add(a)时，传递给 add()函数的仅仅是

a 的值，无论函数内部对 a 进行何种操作，都不会影响 main()函数内部 a 原本的值。

以上是一般教科书上比较通俗的解释。其实，这段话的意思很多人还是一看就懂的，但是要想真正明白，可能还需要懂点汇编或者 CPU 执行函数调用的机制。关于实际的机制这里不讲解，否则就偏离主题啦，笔者只稍微提示一点：当在 main()函数中调用 add()函数后，CPU 仅仅是将 a 的值复制进了 add()函数的堆栈，在 add()函数内部，无论对其入参 x 怎么修改，都只影响 add()函数自身堆栈的数据。当 add()函数执行完之后，其堆栈也相应被销毁，main()函数的堆栈数据并没有受到任何影响。

现在修改上面的示例，变成如下所示：

```
public class Exchange{
public static void add(Integer x){
    x = x + 3;
}

public static void main(String[] args){
    Integer a = new Integer(3);
    add(a);
    System.out.println(a);
    }
}
```

现在 add()函数的入参变成了包装类型 Integer，那么现在运行 main()函数，a 的值会是啥呢？是 3 还是 6？

结果还是 3。

不是说好的按引用传递的吗？为啥引用类型 a 在 add()函数内部被改变了，其值仍然没有变化呢？你别说，这个问题看起来简单，但是在实际的项目中，仍然有很多人经常犯这种低级错误。有的人可能传递一个 String 类型的变量进来，希望在函数内部修改字符串的值；有的人可能传进来一个 List，将其重新初始化……

其实，该问题的关键是：即使是包装类型，Java 也是按值传递的！

在本示例中，变量 a 是引用类型，变量 a 虽然指向了 new Integer(3)这个实例对象，但是 a 本身的值却仅仅是个内存地址——new Integer(3)这个实例对象在堆内存中的地址。当调用 add(a)时，Java 将变量 a 的值（一个内存地址）传递给了 add()函数的入参，因此在 add()函数内部，不管这个内存地址的值如何变化，都与 main()函数中的变量 a 的值毫无关系。

下面这个例子所演示的坑，可能很多有开发经验的童鞋都踩过。

清单：Exchange.java

功能：类型与传递

```java
public class Exchange {

    public static void init(List source, List dest){
        source = dest;
    }

    public static List getList(){
        List list = new ArrayList();
        list.add(1);
        list.add(2);
        list.add(3);
        return list;
    }

    public static void main(String[] args){
        List source = new ArrayList();
        init(source, getList());
        System.out.println(source.size());
    }

}
```

在本示例的 main()函数中，初始化了一个列表 source，接着调用 init()函数试图对 source 列表进行赋值，但是却失败了——本程序运行后所打印的 source.size()值为 0。其道理与前一个示例是一样的——不管函数入参是基本类型还是引用类型,Java 都是按值传递的。

还有一个例子也可以说明引用类型按值传递的机制，就是"交换"。如下所示：

```java
static void swap(Integer x, Integer y){
    Integer tmp = x;
    x = y;
```

```
        y = tmp;
    }

public static void main(String[] args){
    Integer x = 1;
    Integer y = 2;
    swap(x, y);
    System.out.printf("x=%s, y=%s", x, y);
}
```

在这个示例中定义了 swap()函数，其接受两个 Integer 类型的入参。在方法体内部试图交换两个入参的值。然而，在方法体内部，两个变量的值的确是交换了，但是到了外面却不生效。例如本例运行的结果是：

```
x=1, y=2
```

5.4.2　按值/引用传递的终结者

时光荏苒，转眼间 Kotlin 就被发明了出来。

由于 Java 的"按值传递"和"按引用传递"的概念曾经坑过太多的人，因此，Kotlin 干脆从语法层面杜绝了这种情况的产生。Kotlin 是如何杜绝的呢？很简单，看下面的示例：

```
fun swap(x:Int, y:Int){
    var tmp = x
    x = y
    y = tmp
}
```

这是 Kotlin 版本的数据交换函数。如果你真的这么编程，Kotlin 编译器一定会报错，它会提示你不能对入参进行修改。这是因为在 Kotlin 中，函数入参的类型一律变成了 val，也即常量类型，而常量类型在 Kotlin 中是只读的，是不能被修改的。

Kotlin 正是通过这种机制，避免大家再被所谓的"按值传递"和"按引用传递"所害——函数的入参在函数内部再也不能被赋值和被修改，谁还关心它到底是按值传递还是按引用传递呢？就算关心了也无用^_^。

话说既然 Kotlin 的函数入参不能被修改，可是需求是多样化的，如果确实需要修改入参，那该怎么办呢？

这算是说到点子上了——Kotlin 要的就是这种效果。

上一节讲过，Java 其实一律是按值传递的，但是可以达到按引用传递的效果。这种方式就是包装。例如上一节中交换的例子，直接将两个 Integer 类型的变量交换是达不到交换的效果的，但是如果将这两个变量包装到一个类型中，变成类的成员变量，然后将交换函数的入参类型变成这个新包装出来的类型，问题就得到解决了。下面是一个按照这个思路开发的交换程序。

清单：Exchange.java

功能：交换

```java
public class Exchange {

    static void swap(Pair pair){
        Integer tmp = pair.x;
        pair.x = pair.y;
        pair.y = tmp;
    }

    public static void main(String[] args){
        int a = 1;
        int b = 2;
        Pair pair = new Pair(a, b);
        swap(pair);
        System.out.printf("pair.a=%d, pair.b=%d", pair.x, pair.y);
    }

}

class Pair{
    public int x;
    public int y;

    public Pair(int x, int y){
        this.x = x;
        this.y = y;
    }
}
```

运行本例，pair 中的两个变量的值可以正确地被交换。

本示例之所以能够成功交换变量值，是因为在交换函数 swap() 内部，并没有修改入参 pair 本身的值，修改的仅仅是 pair 内部的变量值，而 pair 内部的两个变量都需要通过 pair 入参这个指针去指向才能读取到。这便是 Java 中所谓"按值传递、但是能够达到按引用传递的效果"的原理。

同理，在 Kotlin 中，如果要实现一个正确的交换函数，也必须按照这种思路来，将被交换的两个变量包装成一个新的类型。从普遍意义上说，在 Kotlin 中，如果要通过函数改变函数外部的变量的值，必须将该变量包装成某个类型中的一个属性。而一旦完成这种包装，其实便达到了"按引用传递"的效果。

5.4.3　this 指针

在 Java 和 Kotlin 语言中，虽然没有了指针的概念，但是变量名称其实就是一个指针（非基本类型）。在 JVM 虚拟机内部，变量名会被处理成指向某个内存地址的值。

当从外面访问类型的属性或者方法时，必须通过该类型的变量名和点号"."来访问，例如，a.b，这表示访问类型实例对象 a 里面的 b 属性。而在类型内部的函数里，要访问自身属性，就不能再使用类似"a.b"这种形式了，因为这时候并没有 a 这个变量名称。因此，在类型内部的函数里，通过 this 关键字表示类型实例对象本身。

1. 在函数中使用 this 指针

在构造函数中的使用是 this 最直观的使用，如下面的示例：

```
class Language{
    var name:String = ""
    constructor(name: String){
        this.name = name
    }
}
```

在本示例的 Language 类中定义了一个属性 name，同时定义了一个包含一个入参的构造函数，入参的名称也是 name，与类属性同名。想要在构造函数中将入参 name 的值赋给类属性 name，就必须通过 this 来区分哪一个 name 属于类属性，哪一个 name

属于入参。

除了在构造函数中使用外,在类内部的其他普通函数内部也必须通过 this 访问类型本身所拥有的属性。

必须通过 this 来指代类型实例对象的另一个地方就是在扩展函数中,在为某个类型定义扩展函数时,在扩展函数内部,如果要访问被扩展的类型属性或者方法,就必须使用 this 关键字。上一节在讲解操作符重载时有很多示例都这么使用过,如果你还不清楚,可以回到上一节查阅。

2. 在内部类中使用 this 指针

但是,当类型包含内部类并且需要在内部类中访问 this 时,情况就变得有点复杂了——在内部类中,this 既可以指代内部类自身,也可以指代该内部类所属的外部类。那么如果在内部类中引用了 this,那 this 到底指代哪一个类呢?不用担心,作为一门成熟的语言,Kotlin 给出了解决方案——通过@标签访问不同的类。例如下面的例子。

清单:Outer.kt

功能:通过 this 访问内部类和外部类

```kotlin
open class Outer(var value:Int){

    override fun toString():String{
        return "arith"
    }


    /**
     * 内部类
     */
    inner class Inner(var value: Int){

        fun foo(){
            println(this)          //访问内部类
            println(this@Outer)    //访问外部类
        }

        override fun toString():String{
            return "plus arith"
```

```
        }

    }

}

fun main(args:Array<String>){
    var plus = Outer(1).Inner(2)
    plus.foo()
}
```

请注意本示例中加粗的斜体方法。在该方法里，分别通过 this 访问内部类自己，和通过 this@Outer 访问外部类。

在内部类中也可以组合使用 this 和@标签访问外部类的属性。修改本示例中内部类的 foo()方法，如下所示：

```
fun foo(){
    println(this)                    //访问内部类
    println(this@Outer)              //访问外部类

    println(this.value)              //访问内部类的属性
    println(this@Outer.value)        //访问外部类的属性
}
```

3. 在扩展函数中使用 this 指针

当一个方法处于内部类中同时该方法本身又是一个扩展函数时，情况又变得复杂了——扩展函数本身是可以使用 this 关键字的，而内部类的函数也可以使用 this 关键字，那么在这种情况下，应该如何正确地使用 this 指针呢？

Kotlin 给出的解决方案依然是通过标签：

- 在扩展函数内部直接使用 this，则 this 指代被扩展的类型实例对象。
- 如果扩展函数位于内部类中，则通过 this 加标签的方式分别指代内部类和内部类的宿主外部类的实例对象。

下面给出一个示例。

清单：Outer.kt

功能：通过 this 访问扩展函数、内部类和外部类

```kotlin
/**
 * 外部类
 */
open class Outer(var value:Int){

    override fun toString():String{
        return "arith"
    }

    /**
     * 内部类
     */
    inner class Inner(var value: Int){

        /**
         * 为 Int 扩展函数
         */
        fun Int.foo(){
            println(this)           //访问 Int 实例
            println(this@Outer)     //访问外部类
            println(this@Inner)     //访问内部类

            println(this@Inner.value)   //访问内部类的属性
            println(this@Outer.value)   //访问外部类的属性
        }

        fun foo(){
            var a:Int = 3
            a.foo()
        }

        override fun toString():String{
            return "plus arith"
        }
    }

}
```

```
fun main(args:Array<String>){
    var plus = Outer(1).Inner(2)
    plus.foo()
}
```

5.4.4　类函数调用机制与 this

在类内部的函数中可以访问类属性，也可以调用该类的其他函数，通过 this 调用。那么在运行期是如何处理 this 的，JVM 虚拟机怎样将其与类型实例对象进行关联呢？其实，说穿了都很简单。看下面的示例：

```
open class MyClass(var value:Int){

    override fun toString():String{
        return this.value.toString()
    }

    fun print(){
        var rs = this.toString()
        println(rs)
    }

}

fun main(args:Array<String>){
    var klass = MyClass(1)
    klass.print()
}
```

在该示例中，在 MyClass.toString()方法内部通过 this 访问了该类的 value 属性，同时在该类的 print()方法内部通过 this 调用了该类重写的 toString()方法。

为了处理 this 与实际所实例化出来的 MyClass 对象之间的绑定关系，编译器偷偷地做了手脚。首先，编译器会修改你所定义的每一个类方法，为这些方法自动增加一个入参，该入参类型就是方法所属的类型，并且编译器会将该入参插入到方法的第一个参数位置，该方法原有的参数都会往后顺延。以本例为例，编译后，MyClass 中的所有方法都被修改成下面这种样子：

```
override fun toString(MyClass klass):String{
```

```
    return klass.value.toString()
}

fun print(MyClass klass){
    var rs = klass.toString()
    println(rs)
}
```

接着，这些方法的调用也会被修改成正确的传参方式。例如本例在 main() 函数中调用了类方法，则编译器会对其进行修改，修改后的 main() 函数变成：

```
fun main(args:Array<String>){
    var klass = MyClass(1)
    print(klass)
}
```

Kotlin 正是通过这种"腾挪"第一个入参的机制，完成类方法内部 this 指针与类型实例对象之间的绑定的。

6

Kotlin 的 I/O

对于任何一门编程语言，I/O 系统都是非常重要和复杂的部分，想要创建一套简单、易用、高效的输入/输出系统，是一项很困难的任务。这种困难体现在多方面，不仅有三种不同种类的 I/O 需要考虑（文件、控制台和网络连接），而且还需要通过多种不同的方式与之通信，例如顺序读、随机访问、二进制写入、按行读写，等等。

6.1　Java I/O 类库

JDK 为了解决 I/O 系统的问题，设计了大量的类，以至于让新人望而却步，不知从何下手。先来看看 JDK 中的 I/O 类库数量，你就会有一个大致的认识。表 6-1 中列出了 JDK 8 的 rt.jar 包中 io 模块下的全部类库，超过 120 个！120 个！120 个！

表 6-1　JDK 8 中的 I/O 类库

Bits.class	FileWriter.class	ObjectStreamClass$4.class
BufferedInputStream.class	FilenameFilter.class	ObjectStreamClass$5.class
BufferedOutputStream.class	FilterInputStream.class	ObjectStreamClass$Caches.class
BufferedReader$1.class	FilterOutputStream.class	ObjectStreamClass$ClassDataSlot.class
BufferedReader.class	FilterReader.class	ObjectStreamClass$EntryFuture$1.class
BufferedWriter.class	FilterWriter.class	ObjectStreamClass$EntryFuture.class

ByteArrayInputStream.class	Flushable.class	ObjectStreamClass$ExceptionInfo.class
ByteArrayOutputStream.class	IOError.class	ObjectStreamClass$FieldReflector.class
CharArrayReader.class	IOException.class	ObjectStreamClass$FieldReflectorKey.class
CharArrayWriter.class	InputStream.class	ObjectStreamClass$MemberSignature.class
CharConversionException.class	InputStreamReader.class	ObjectStreamClass$WeakClassKey.class
Closeable.class	InterruptedIOException.class	ObjectStreamClass.class
Console$1.class	InvalidClassException.class	ObjectStreamConstants.class
Console$2.class	InvalidObjectException.class	ObjectStreamException.class
Console$3.class	LineNumberInputStream.class	ObjectStreamField.class
Console$LineReader.class	LineNumberReader.class	OptionalDataException.class
Console.class	NotActiveException.class	OutputStream.class
DataInput.class	NotSerializableException.class	OutputStreamWriter.class
DataInputStream.class	ObjectInput.class	PipedInputStream.class
DataOutput.class	ObjectInputStream$1.class	……

这么多类库设计，这就很尴尬了——本来 Java 的设计人员希望通过良好的类库来解决复杂的 I/O 系统构建问题，结果设计得太多，反而让问题变得更加复杂。这只能说明 I/O 系统本身的确是一个复杂的系统，需要解决各种问题。不过，得益于 Java 良好的抽象，所以问题并没有想象中的那么糟糕——Java I/O 类库具有两个对称性，分别是：

- 输入/输出对称性

Java I/O 类库主要分为两大体系：一套是字节输入/输出体系，基类分别是 InputStream 与 OutputStream；一套是字符输入/输出体系，基类分别是 Reader 与 Writer。InputStream 和 OutputStream 各自占据字节流输入与输出的两个平行等级结构的根部。而 Reader 和 Writer 各自占据字符流输入与输出的两个平行等级结构的根部（见图 6-1）。

- 字节和字符对称性

InputStream 和 Reader 的子类分别负责 Byte 和 Char 流的输入。OutputStream 和 Writer 的子类分别负责 Byte 和 Char 流的输出，它们分别形成平行的等级结构。

同时，Java 的 I/O 模块中使用了大量的装饰模式，使得原始的处理器可以被包装成各种新的处理器（被称为链接处理器）。图 6-1 和图 6-2 所示是 JDK I/O 类库的两大体系结构。

（1）输入/输出流类结构

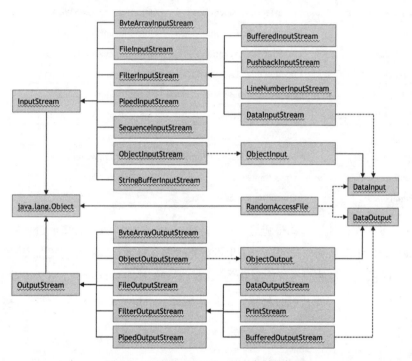

图 6-1　InputStream/OutputStream 结构体系

在输入/输出流的类结构体系中，顶级基类是 InputStream 和 OutputStream，由这两个类衍生出了一系列功能丰富的子类。这两个类同时也是适配器（原始流处理器）需要适配的对象，是装饰器（链接流处理器）装饰对象的基类。

（2）读/写类结构

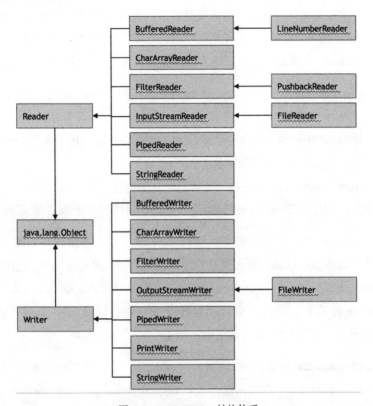

图 6-2　Reader/Writer 结构体系

在读/写体系中，顶级类是 Reader 和 Writer，从这两个基类衍生出了一系列子类。

虽然，无论是 InputStream/OutputStream 输入/输出流体系，还是 Reader/Writer 读/写体系，众多的子类都令人眼花缭乱，但是其实内部具有一定的关联。由于 Java 是面向对象的编程语言，而 I/O 最终的输入/输出其实是一堆字节序，已经失去了面向对象的特征和组织结构，因此将输入设备中可读性不是那么好的二进制流转换成结构化、面向对象的 Java 对象，或者将内存中结构化、面向对象的 Java 对象实例存储到文件中，或者通过网络发送到因特网中的另一个计算机终端，需要 Java 提供各种具备特定功能的类或接口来实现。为此，Java 的 I/O 库提供了一个称作链接（Chaining）的机制，可以将一个流处理器与另一个流处理器相互关联起来，以其中之一的输出为输入，形成一个流管道的链接。例如，DataInputStream 流处理器可以将 FileInputStream

流对象的输出当作输入，也可以将 Byte 类型的数据转换成 Java 原始类型和 String 类型的数据。再如，DataOutputStream 流处理器可以接收原始数据类型和 String 数据类型，并将其输出成 Byte 类型，实现高度组织化、面向对象的数据结构向字节序的转换。以 InputStream 体系来讲，能够作为原始流提供者的类有以下几种：

- **ByteArrayInputStream**。接收 Byte 数组作为原始输入流，这种流能够为多线程通信提供缓冲区操作功能。

- **FileInputStream**。接收一个 File 作为原始输入流，用于文件的读取，这种对象在实际场景下使用频率非常高。

- **PipedInputStream**。接收一个管道作为原始输入流，与 PipedOutputStream 配合作为管道使用，而管道通常可以用于多线程和进程之间的通信。

当然，Java 的 I/O 类库还提供了其他类，它们也可以用作原始输入流，例如直接将字符串当作输入流。与原始输入流处理器对应的就是链接流处理器，链接流处理器可以接收另一个流处理器(InputStream，包括链接流处理器和原始流处理器)作为源，并对其功能进行扩展，所以，链接流处理器被称为装饰器。在 Java I/O 类库的 InputStream 体系中，有以下类通常用作装饰器：

- **FilterInputStream** 。 继 承 自 InputStream ， 是 所 有 装 饰 器 的 父 类 。 FilterInputStream 内部也包含一个 InputStream，这个 InputStream 就是被装饰类——一个原始流处理器，它包括如下几个子类：

  ○ BufferedInputStream。用来将数据读入内存缓冲区，并从该缓冲区提供数据。

  ○ DataInputStream。提供基于多字节的读取方法，可以读取原始数据类型 (Byte、Int、Long、Double 等)。

  ○ LineNumberInputStream。提供具有行计数功能的流处理器。

  ○ PushbackInputStream。提供将已读取字节"推回"输入流的功能。

- **ObjectInputStream**。可以将使用 ObjectOutputStream 写入的基本数据和对象进行反串行化。

- **SequenceInputStream**。可以合并多个 InputStream 原始流，依次读取这些合并的原始流。

OutputStream、Reader、Writer 的内部结构与 InputStream 的结构类似，也都可以分成原始流处理器和链接流处理器。这么一划分，Java I/O 类库错综复杂的继承体系便变得清晰起来，理解起来也不是那么困难了。

下面举一个十分简单的例子，来说明原始流处理器与链接流处理器的相互协作机制。该示例会在下文多次被引用，所以将示例命名为 FileRW。

清单：FileRW.java

功能：演示 Java I/O 库原始流处理器与链接流处理器的协作机制

```java
import java.io.BufferedReader;
import java.io.BufferedWriter;
import java.io.FileReader;
import java.io.FileWriter;

public class FileTest {

    public static void main(String[] args){
        writeFile();
        readFile();
    }


    /** 读文件 */
    static void readFile(){
        FileReader fr = null;
        BufferedReader br = null;
        try{
            //原始流处理器
            fr = new FileReader("/Users/zaichen/filetest001.txt");
            //链接流处理器，对原始流处理器进行包装
            br = new BufferedReader(fr);

            String text = null;
            while ((text = br.readLine()) != null){
                System.out.println(text);
            }
```

```
            br.close();
            br = null;
            fr.close();
            fr = null;
        }catch (Exception e){
            e.printStackTrace();
        }finally {
            try{
                if(br != null){
                    br.close();
                    br = null;
                }
                if(fr != null){
                    fr.close();
                    fr = null;
                }
            }catch (Exception e){
                e.printStackTrace();
            }
        }
    }

    /** 写文件 */
    static void writeFile(){
        FileWriter fw = null;
        BufferedWriter bw = null;
        try{
            //原始流处理器
            fw = new FileWriter("/Users/zaichen/filetest001.txt");
            //链接流处理器，对原始流处理器进行包装
            bw = new BufferedWriter(fw);
            bw.write("hello, world!\n");
            bw.write("hello, java!");

            bw.close();
            bw = null;
            fw.close();
            fw = null;
        }catch (Exception e){
            e.printStackTrace();
```

```
        }finally {
          try{
            if(bw != null){
              bw.close();
              bw = null;
            }
            if(fw != null){
              fw.close();
              fw.close();
            }
          }catch (Exception e){
            e.printStackTrace();
          }
        }
      }
    }
```

这个例子十分简单，演示了使用 Java 类库进行文本文件读写的方法。在本示例中，可以看到 BufferedWriter 对 FileWriter 处理器的装饰，以及 BufferedReader 对 FileReader 处理器的装饰。其实，Java 的 I/O 类库并没有单一地使用继承机制来实现丰富多彩的输入/输出功能，而是同时使用了装饰模式，究其原因，还是因为 I/O 系统本身的复杂性。

6.2　Kotlin I/O 类库

上一节对 Java 的 I/O 类库体系进行了宏观的介绍，并以一个例子简单地演示了 I/O 类库的操作。之所以这里要提起 Java，是因为 Kotlin 对 Java 天生就有着内在的深度依赖，这种依赖不仅仅体现在底层 JVM 和字节码规范的一致性，还体现在核心类库的复用层面。由于 I/O 体系天然的复杂性，Kotlin 并没有在这上面撸起袖子重新造一套轮子，而仅仅提供了一层很薄的封装门面，核心的类库则全部依赖 Java。其实，这就是 Kotlin 这门语言的一个基本原则：

Java 有的就直接使用，只有 Java 没有的才会自己去提供。

看看 Kotlin 的 I/O 核心类库就知道它有没有遵循这一原则。Kotlin 的 I/O 类库位于 kotlin.io 包下。图 6-3 所示是 Kotlin 的 io 包模块。

图 6-3　kotlin.io 核心类库

从图中可以看出，kotlin.io 类库中总共才只有 9 个类，比起 Java 的 I/O 类库中的
120 个类，kotlin.io 类库简直精简得不能再精简了。那么 kotlin.io 中这些类的作用是
啥呢？我们不妨随便打开一个文件看看，例如打开 FileReadWrite.kt，其源码如下。

清单：kotlin/io/FileReadWrite.kt

功能：查看 kotlin.io 源码内容

```
@file:JvmVersion
@file:JvmMultifileClass
@file:JvmName("FilesKt")
package kotlin.io

import java.io.*
import java.util.*
import java.nio.charset.Charset


/**
 * Returns a new [FileReader] for reading the content of this file.
 */
```

```
public fun File.reader(): FileReader = FileReader(this)

/**
 * Returns a new [BufferedReader] for reading the content of this
file.
 *
 * @param bufferSize necessary size of the buffer.
 */
public fun File.bufferedReader(bufferSize: Int =
defaultBufferSize): BufferedReader = reader().buffered(bufferSize)

/**
 * Returns a new [FileWriter] for writing the content of this file.
 */
public fun File.writer(): FileWriter = FileWriter(this)

//......
```

限于篇幅，就不将 FileReadWrite.kt 的全部内容都贴出来了，有兴趣的道友可以自己查看源码。在这段 Kotlin 的 io 类库源码中，可以看到几乎所有的函数名都带有 "File." 前缀，这主要是因为 Kotlin 使用了其自身特有的"扩展函数"的语法糖，对 Java I/O 类库中的 java.io.File 类进行了方法扩展，这在前文有过专门讲解。

你阅读 kotlin.io 模块下的其他源程序，可以看出 Kotlin 基本没有自己去实现特殊的 I/O 逻辑，Kotlin 的 I/O 操作主要是依靠扩展方法，在原有的 Java 类上添加功能实现。这一点和 Groovy 有点像。

正因为 Kotlin 没有自己核心的 I/O 类库，所以使用 Kotlin 开发 I/O 相关的程序，与使用 Java 开发的思路基本一样。上一节我们使用 Java 开发了一个简短的文件读写示例程序 FileRW，这里使用 Kotlin 进行改写。改写后的 Kotlin 程序如下所示。

清单：FileRW.kt

功能：使用 Kotlin 演示文件读写

```
import java.io.*

fun main(args:Array<String>){
    writeFile()
```

```
        readFile()
    }

    fun writeFile(){
        var fw = FileWriter("/Users/zaichen/filetest001.txt")
        var bw = BufferedWriter(fw)
        bw.write("hello world!\n")
        bw.write("hello kotlin!")

        bw.close()
        fw.close()
    }

    fun readFile(){
        var fr = FileReader("/Users/zaichen/filetest001.txt")
        var br = BufferedReader(fr)
        var text = br.readLine()
        while(text != null){
            System.out.println(text)
            text = br.readLine()
        }

        br.close()
        fr.close()
    }
```

这段使用 Kotlin 改写的 FileRW 程序, 与原来的 Java 程序基本一样, 例如在 Java
中通过 "FileWriter fw = new FileWriter("/Users/zaichen/filetest001.txt")" 这种写法来实
例化 java.io.FileWriter 类, 而 Kotlin 直接通过 "var fr = FileReader("/Users/zaichen/
filetest001.txt")" 这种方式来实例化, 这里, Kotlin 直接实例化了一个 Java 类。正因
为 Kotlin 可以直接调用任意 Java 类, 所以 Kotlin 实在没必要自己重新整一套复杂的
I/O 框架。

6.3 终端 I/O

在 I/O 体系中, 终端的输入/输出可以算是最基本的功能。在大部分编程语言中,
用于终端输入/输出的 API 也非常简单, 一般就是简单的终端打印和读取终端输入接

口。

相比于 Java 超长的输出语句 System.out.println()，很多其他编程语言提供的终端输入/输出 API 都非常简单，例如在 C 语言中，只需要调用 printf()，而在 C++中更简单，直接通过 cout<<就可以完成。Kotlin 以语法简单为宗旨，在 API 上自然不会太复杂，在终端上输出，只需要调用 print()函数即可，相比 Java，不需要冗长的前缀。

从终端读取数据也很简单，最基本的方法就是全局函数 readLine，它直接从终端读取一行，并返回一个字符串。如果需要更进一步的处理，可以使用 Kotlin 提供的丰富的字符串处理函数来处理和转换字符串。

下面的示例演示了 Kotlin 中的终端输入/输出 API。

清单：/Consoler.kt

功能：演示 Kotlin 终端 API

```
fun main(args:Array<String>){
    var input = readLine()
    while(input != "quit"){
        print("您输入的是 $input. 若要退出,请输入 quit\n")
        input = readLine()
    }
    print("程序退出")
}
```

具体的效果就不多言了，这是一个非常基本的示例程序。

查看 kotlin.io 源码,其实 Kotlin 所提供的 print()函数内部,仍然是直接调用了 Java 的接口。

清单：kotlin/io/Console.kt

功能：Kotlin 的 print()函数的内部实现机制

```
package kotlin.io

import java.io.InputStream
import java.io.InputStreamReader
import java.io.BufferedReader
```

```
/** Prints the given message to the standard output stream. */
public fun print(message: Any?) {
    System.out.print(message)
}

/** Prints the given message to the standard output stream. */
public fun print(message: Int) {
    System.out.print(message)
}

//......
```

通过查阅 kotlin.io.Console 源码，可以看出，Kotlin 所提供的 print()函数的内部行为全部通过 Java 的 System.out.print(message)实现。而 Kotlin 所提供的 readLine()全局函数，其内部行为也是直接基于 Java 类库来实现的，仍然在 Console.kt 文件中实现。

清单：/kotlin/io/Console.kt

功能：Kotlin 读取终端输入源码

```
private val stdin: BufferedReader =
BufferedReader(InputStreamReader(object : InputStream() {
    public override fun read(): Int {
        return System.`in`.read()
    }

    public override fun reset() {
        System.`in`.reset()
    }

    //......
}))

public fun readLine(): String? = stdin.readLine()
```

在 kotlin.io.Console 中，定义了一个私有变量 stdin，并将其实例化为 java.io.BufferedReader 类对象，Kotlin 最终正是基于这个类实现控制台数据的读取。

6.4 文件 I/O

文件 I/O 系统是整个 I/O 体系中十分重要的一个分支，在各种软件系统中广泛使用。这么基础的一个模块，Kotlin 自然不会放过。在 Java 中提供文件 I/O 操作的类主要是 java.io.File，为了方便使用，Kotlin 为 java.io.File 提供了很多扩展方法，这些扩展方法都被封装在 kotlin.io.FileReadWrite 文件中，该类的部分内容在上文中已经贴出，这里不再贴了。在这个文件中，所有的顶级函数名前面都使用 "File." 进行修饰，这是利用了 Kotlin 的语法特性，意在为 java.io.File 类增加新的方法。这里摘录其中部分方法进行说明，如表 6-2 所示。

表 6-2 文件 I/O 方法

方法名	返回值	功　　能
File.reader()	java.io.FileReader	装饰 java.io.File 类，创建 java.io.FileReader 类实例对象
File.bufferedReader()	java.io.BufferedReader	装饰 java.io.FileReader 类，创建 java.io.BufferedReader 类实例对象
File.writer()	java.io.FileWriter	装饰 java.io.File 类，创建 java.io.FileWriter 类实例对象
File.bufferedWriter()	java.io.BufferedWriter	装饰 java.io.FileWriter 类，创建 java.io.BufferedWriter 类实例对象
File.printWriter()	java.io.PrintWriter	装饰 java.io.BufferedWriter 类，创建 java.io.PrintWriter 类实例对象
File.readBytes()	kotlin.ByteArray	读取文件，并将文件内容转换为 kotlin.ByteArray 字节列表对象
File.writeBytes	无	将字节序内容写入文件中

例如 File.bufferedReader()方法，该方法为 java.io.File 类扩展了一个函数 bufferedReader()，通过该函数可以直接返回一个装饰了 java.io.FileReader 类的 java.io.BufferedReader 类对象，这对于文件读写而言，的确是方便了不少。在 Java 中，无法直接通过 File 类创建 BufferedReader 类，而是需要经过下面三个步骤才行：

```
File file = new File("fileName");
FileReader fr = new FileReader(file);
BufferedReader br = new BufferedReader(fr);
```

前文分别使用 Java 和 Kotlin 两种语言编写了一个文件读写的示例 FileRW，只不过在 Kotlin 示例中，调用的仍然是 Java 的 I/O 类库。这里将其改成使用 Kotlin 自己的类库来完成。

清单：FileRW.kt

功能：演示使用 kotlin.io.FileReadWrite 类库中的类读写文件

```kotlin
import java.io.*

fun main(args:Array<String>){
    writeFile()
    readFile()
}

fun writeFile(){
    var bw =
File("/Users/zaichen/filetest001.txt").bufferedWriter()
    bw.write("hello world!\n")
    bw.write("hello kotlin!")
    bw.close()
}

fun readFile(){
    var br =
File("/Users/zaichen/filetest001.txt").bufferedReader()
    var text = br.readLine()
    while(text != null){
        System.out.println(text)
        text = br.readLine()
    }
    br.close()
}
```

使用 Kotlin 自己提供的类库修改后，FileRW 看上去又精简了不少。虽然这一点一滴的改动看似不起眼，但是从变量、函数、类到类库等各个层面都提供一套解决方案，所带来的开发效率就非常可观了。

在文件操作中，一种常见的逻辑是遍历文件或目录。在 Java 中需要使用 java.io.File.listFiles() 接口来遍历目录，而在 Kotlin 中，提供了专门的接口 kotlin.io.File.walk()。下面是在 Kotlin 中遍历目录的一个示例。

清单：FileIterate.kt

功能：Kotlin 遍历目录

```
import java.io.*

fun main(args:Array<String>){
    var file = File("/Users/fly")
    var tree = file.walk()
    tree.maxDepth(2).filter { it.isDirectory }
                .filter { it.name.endsWith("sh") }
                .forEach ( ::println )
}
```

在本示例中，通过 walk()接口得到目录遍历树，通过 maxDepth()接口设置遍历的层次深度，接着通过 lambda 表达式对文件进行过滤。

6.5　文件压缩示例

可以使用 Kotlin 编写一个文件压缩示例程序。

清单：Compress.ki

功能：Kotlin 压缩文件

```
import java.io.BufferedInputStream
import java.io.BufferedOutputStream
import java.io.FileInputStream
import java.io.FileOutputStream
import java.util.zip.ZipEntry
import java.util.zip.ZipOutputStream

fun main(args: Array<String>) {
    var zipFileName = "/Users/zaichen/工作/日常业务接入/2016新报价.zip"
    var zipOut = ZipOutputStream(FileOutputStream(zipFileName))
    var bo = BufferedOutputStream(zipOut)

    var sourceFileName = "/Users/zaichen/工作/日常业务接入/2016-730"
    var sourceFile = java.io.File(sourceFileName)
```

```
        zip(zipOut, sourceFile, sourceFile.name, bo)

    bo.close()
    zipOut.close()
    println("压缩完成")
}


fun zip(zipOut:ZipOutputStream, sourceFile:java.io.File,
base:String, bo:BufferedOutputStream){
    if(sourceFile.isDirectory()){
        var files = sourceFile.listFiles()
        if(files.size == 0){
            zipOut.putNextEntry((ZipEntry(base + "/")))
            println("base: $base /")
        }
        for(file in files){
            zip(zipOut, file, base + "/" + file.name, bo)
        }
    } else{
        zipOut.putNextEntry((ZipEntry(base)))
        println(base)
        var fi = FileInputStream(sourceFile)
        var bi = BufferedInputStream(fi)
        var b : Int = bi.read()
        while(b != -1){
            bo.write(b)
            b = bi.read()
        }
        bi.close()
        fi.close()
    }
}
```

下面是一个解压示例。

清单：Decompress.kt

功能：Kotlin 解压文件

```
import java.io.*
import java.util.zip.ZipEntry
import java.util.zip.ZipInputStream
```

```
fun main(args:Array<String>){
    var zipFilePath = "/Users/zaichen/工作/日常业务接入/2016新报价.zip"
    var zipIn = ZipInputStream(FileInputStream(zipFilePath))
    var bi = BufferedInputStream(zipIn)

    var outFilePath = "/Users/zaichen/工作/"

    var file : java.io.File
    var entry = zipIn.nextEntry
    while(entry != null && !entry.isDirectory){
        file = File(outFilePath, entry.name)
        if(!file.exists()){
            (File(file.getParent())).mkdirs()
        }

        var fo = FileOutputStream(file)
        var bo = BufferedOutputStream(fo)
        var b : Int
        b = bi.read()
        while(b != -1){
            bo.write(b)
            b = bi.read()
        }
        bo.close()
        fo.close()

        entry = zipIn.nextEntry
    }

    bi.close()
    zipIn.close()

}
```

6.6 序列化

序列化是一个老生常谈的问题。序列化通常是为了实现以下两个目的：

- 实现数据持久化

所谓数据持久化，就是将 Java 进程运行期的对象实例存储到永久性介质中，例如磁盘。数据持久化在实际中应用比较广泛，例如在 Tomcat 中，为了实现 session 的容灾策略，会定时将内存中的全部 session 对象都进行序列化并存储到本地硬盘，这样若 Tomcat 崩溃，还能够将 session 全部恢复回来。

- 在远程通信中将对象在网络间传输

现代大型应用程序基本都是分布式的，分布式的应用自然离不开远程接口调用，而 Java 应用程序的远程调用框架自然少不了 Java 对象实例的传输，对象传输也离不开对象序列化。网络间的序列化传输需要考虑的技术细节很多，因为网络中的机器很可能处在异构系统中，调用进程可能运行在一台 Windows Server 服务器上，而被调用接口进程则可能运行在一台 Linux 服务器上。这就需要接口的调用方与提供方之间共同遵循一套规范，从而克服平台之间的差异。Java 的序列化机制可以让开发者对具体的操作平台无感。

序列化主要包括两个议题：将 Java 对象序列化成字节序和将字节序反序列化成 Java 对象。

Java 提供了完善的序列化和反序列化机制，只要一个类实现了 java.io.Serializable 接口，就能实现对象的序列化与反序列化。Java 所提供的序列化机制，不但可以在本机实现，也可以经由网络操作。Java 的序列化机制自动屏蔽了操作系统的差异，比如字节顺序（即大端与小端），这主要得益于 Java 虚拟机跨平台的设计机制。这样，若一个 Java 对象实例在 Windows 平台创建，并且序列化之后通过网络传到一台 Linux 服务器，Java 能够将对象进行正确还原。

6.6.1 Kotlin 的序列化

Kotlin 并没有另外提供序列化机制，因此要在 Kotlin 中实现序列化，直接基于 Java 提供的类库与逻辑即可。下面我们使用 Kotlin 实现简单的序列化和反序列化功能。

清单：/Serialize.kt

功能：演示 Kotlin 的序列化

```kotlin
fun main(args:Array<String>){
    serialize()
    deSerialize()
}

var fname = "/Users/fly/serialize.txt"

fun serialize(){
    var student = Student()
    student.name = "tony"
    student.age = 20
    student.sex = 'M'

    var file = File(fname)
    if(!file.exists()){
        file.createNewFile()
    } else{
        file.delete()
    }

    //开始序列化
    var fo = FileOutputStream(file)
    var oos = ObjectOutputStream(fo)
    oos.writeObject(student)

    oos.close()
    fo.close()
}

fun deSerialize(){
    var file = File(fname)
    if(!file.exists()){
        return
    }

    //开始反序列化
    var fi = FileInputStream(file)
    var ois = ObjectInputStream(fi)
    var student : Student = ois.readObject() as Student
    println("student=$student")
    println("name=${student.name}")
```

```
        println("age=${student.age}")
        println("sex=${student.sex}")

        ois.close()
        fi.close()
    }

class Student : Serializable{
    var name : String = ""
    var age : Int = 0
    var sex : Char = 'F'

    init {
        this.name = name
        this.age = age
        this.sex = sex
    }
}
```

在本示例中，定义了一个 Student 类，Student 类包含 3 个属性。为了实现 Student 类的序列化和反序列化，该类必须实现 Serializable 接口。运行程序，输出如下：

```
student=Student@73995d80
```

name=张三

```
age=20
sex=M
```

Student 实例对象被存储在 serialize.txt 文件中，存储的是二进制的字节序，因此打开该文件，可以看到全部是二进制内容，如果不经过格式化处理，无法识别这些内容。不过在 Linux 平台上，可以通过 strings 命令查看，如下：

```
-> strings serialize.txt
Student8J
ageC
sexL
namet
Ljava/lang/String;xp
```

6.6.2　序列化控制

　　某些类的属性属于敏感信息，需要保密，对于这类信息，不能让其在网络间传输，否则便有安全风险，因此这些属性不能被序列化，这便是序列化的控制。在 Java 中，对序列化控制提供了多种机制，例如通过实现 java.io.Externalizable 接口用以代替实现 java.io.Serializable 接口，或者在实现 java.io.Serializable 接口的需要被序列化的类中添加（注意不是覆盖或实现）名为 writeObject() 和 readObject() 的两个方法。还有一个非常简单的控制方式，那就是使用 transient 关键字。在 Java 中，如果不希望某个敏感字段被序列化，只需要在声明时为其添加 transient 关键字即可。

　　清单：Student.java

　　功能：演示 Java 中 transient 关键字的使用

```
public class Student implements Serializable{
    private String name;
    private Integer age;
    private transient Char sex;
}
```

　　这是一个 Java 版本的示例，其中在 sex 这个字段上添加了 transient 关键字，这样 Student 实例的 sex 字段就不会被序列化。

　　那么在 Kotlin 中怎么使用 transient 关键字呢？其实很简单，通过给字段添加 @Transient 注解来实现序列化控制。还是上面这个 Student 类，换成 Kotlin 版的就变成下面这种形式。

　　清单：Student.kt

　　功能：演示 Kotlin 中 transient 关键字的使用

```
class Student : Serializable{
    var name : String = ""
    var age : Int = 0

@Transient
    var sex : Char = 'F'
}
```

还是使用上面的示例程序来序列化 Student 类并将序列化结果存储到 serialize.txt 文件中，然后在 Linux 上使用 strings 命令查看 serialize.txt 文件内容，输出如下：

```
-> strings serialize.txt
Student
ageL
namet
Ljava/lang/String;xp
```

可以看到，序列化文件中没有 sex 这个字段信息。

关于序列化，本身就是一个很大的话题，由于 Java 虚拟机规范本身提供的序列化与反序列化机制性能较差，所以开源世界贡献了不少序列化算法和框架，例如 hessian。本书不打算详细讲解序列化的内部实现原理，但是以下几点是开发者在设计序列化相关的逻辑时必须要关心的技术细节：

- java.io.Serializable 接口没有任何方法属性域，实现它的类只是从语义上表明自己是可以被序列化的。
- 在对一个 Serializable（可序列化）对象进行重新装配的过程中，不会调用任何构建器（甚至默认构建器）。整个对象都是通过从 InputStream 中取得数据恢复的。
- 如是一个类是可序列化的，那么它的子类也是可序列化的。
- 虽然 java.io.Serializable 接口没有任何方法属性域，但是开发者仍然可以添加 readObject()和 writeObject()这两个方法来实现对字段进行精细的序列化控制。
- Java 对象实例的方法信息不会被序列化，序列化的仅仅是成员变量。

关于第 5 点，其实非常好验证，可以在上述 Student 类中添加方法并进行序列化，然后观察序列化后的文件体积是否发生变化。事实证明，只要类字段和字段值不变，不管在类中添加多少个方法，序列化后的文件体积都不会变化。

7

Kotlin 机制

7.1 函数定义

在 Kotlin 中，函数终于成为一等公民，支持面向过程终于在 "Java" 阵营中成为了现实。

7.1.1 顶级函数

在 Kotlin 中，可以将函数直接定义在源程序中，这种函数被称为 "顶级函数"。顶级函数不像 Java 函数那样，只能被封装在类中。然而，它仅仅是个语法糖，在本质上，顶级函数其实还是被 "封装" 了，因为 Kotlin 整个源文件都被看作一个类，从字节码可以验证这一点。

看如下示例程序。

清单：/Hello.kt

功能：演示顶级函数定义

```
fun main(args: Array<String>) {
    add(2, 3)
}
```

```
fun add(m:Int, n:Int){
    val sum = m + n;
}
```

在本示例的主函数 main() 函数中，调用了 add() 函数。编译源码，得到 HelloKt.class。执行如下命令查看编译后的字节码：

```
javap -verbose HelloKt.class
```

执行命令后输出如下内容：

```
public static final void main(java.lang.String[]);
    descriptor: ([Ljava/lang/String;)V
    flags: ACC_PUBLIC, ACC_STATIC, ACC_FINAL
    Code:
      stack=2, locals=1, args_size=1
         0: aload_0
         1: ldc           #16                 // String args
         3: invokestatic  #22                 // Method
kotlin/jvm/internal/Intrinsics.checkParameterIsNotNull:(Ljava/lan
g/Object;Ljava/lang/String;)V
         6: iconst_2
         7: iconst_3
         8: invokestatic  #26                 // Method add:(II)V
        11: return

public static final void add(int, int);
    descriptor: (II)V
    flags: ACC_PUBLIC, ACC_STATIC, ACC_FINAL
    Code:
      stack=2, locals=3, args_size=2
         0: iload_0
         1: iload_1
         2: iadd
         3: istore_2
         4: return
```

请注意看字节码文件中的这两个方法（main 和 add）的访问修饰符，都是 "public static final"，这说明这两个方法都被修饰成了公共的、静态的且不可修改的方法。对于 Java 程序开发人员，这 3 个关键字再熟悉不过了。但是，在 Java 程序中，即使是静态方法（即使用 static 关键字修饰），也必须将其声明在一个具体的类型中，而不能像 Kotlin 这样，被声明为顶级函数。其实，Kotlin 的顶级函数就是直接与 Kotlin 文件被编译后所生成的类绑定在一起的，作为其静态类。在本例中，main() 函数调用 add() 函数的字节码指令如下：

```
invokestatic  #26  // Method add:(II)V
```

该指令其实与 Java 中的静态方法调用的方法完全一致。只不过在本例中还看不出 Kotlin 顶级函数与类相绑定的效果，所以我们需要对本例稍加修改，修改后，效果就非常明显了。将 add() 函数移到另一个 Kotlin 文件中（本例是放在 Hello.kt 文件中），例如 Algorithm.kt 文件，同时删除 Hello.kt 文件中原本定义的 add() 函数。修改后的源程序如下所示。

清单：Hello.kt

功能：演示顶级函数定义

```
fun main(args: Array<String>) {
    add(2, 3)
}
```

清单：Algorithm.kt

功能：演示顶级函数定义

```
fun add(m:Int, n:Int){
    val sum = m + n;
}
```

现在重新编译 Hello.kt，得到 HelloKt.class，接着使用 javap 命令查看编译后的字节码内容，输出如下：

```
public static final void main(java.lang.String[]);
    descriptor: ([Ljava/lang/String;)V
    flags: ACC_PUBLIC, ACC_STATIC, ACC_FINAL
    Code:
      stack=2, locals=1, args_size=1
        0: aload_0
        1: ldc           #16                 // String args
        3: invokestatic  #22                 // Method
```

```
kotlin/jvm/internal/Intrinsics.checkParameterIsNotNull:(Ljava/lan
g/Object;Ljava/lang/String;)V
         6: iconst_2
         7: iconst_3
         8: invokestatic  #28   // Method AlgorithmKt. add:(II)V
        11: return
```

注：其中加粗行就是在调用 add()函数，但是现在在字节码中完整地显示出
了调用的到底是哪个类的 add()函数，即 AlgorithmKt 类。

Kotlin 的顶级函数本质上仍然被封装于类中，因此 Kotlin 虽然在语法层面支持在
类的外部定义函数，但是并未打破面向对象的特性。

7.1.2　内联函数

前文在讲解内联函数时，曾说起内联函数与 lambda 表达式一起使用的情况。为
了提升 lambda 表达式执行的效率，将高阶函数调用的函数声明成内联函数，从而避
免 JVM 虚拟机为函数类型的变量分配内存。

下面的示例声明了一个高阶函数 advance()：

```
fun main(args:Array<String>){
    advance(5, ::square)
}

/** 声明高阶函数 */
inline fun advance(m:Int, square: (Int) -> Int){
    var product = square(3)
    println("product=$product")
}

fun square(x: Int): Int{
    return x * x
}
```

编译这段程序，编译后，main()函数的字节码信息如下：

```
public static final void main(java.lang.String[]);
    descriptor: ([Ljava/lang/String;)V
```

```
flags: ACC_PUBLIC, ACC_STATIC, ACC_FINAL
Code:
 stack=2, locals=5, args_size=1
    0: aload_0
    1: ldc          #9              // String args
    3: invokestatic #15            // Method
kotlin/jvm/internal/Intrinsics.checkParameterIsNotNull:(Ljava/lang
/Object;Ljava/lang/String;)V
    6: iconst_5
    7: istore_1
    8: nop
    9: iconst_3
   10: istore_2
   11: iload_2
   12: invokestatic #19            // Method square:(I)I
   15: istore_2
   16: new          #21            // class
java/lang/StringBuilder
   19: dup
   20: invokespecial #25           // Method
java/lang/StringBuilder."<init>":()V
   23: ldc          #27            // String product=
   25: invokevirtual #31           // Method
java/lang/StringBuilder.append:(Ljava/lang/String;)Ljava/lang/Stri
ngBuilder;
   28: iload_2
   29: invokevirtual #34           // Method
java/lang/StringBuilder.append:(I)Ljava/lang/StringBuilder;
   32: invokevirtual #38           // Method
java/lang/StringBuilder.toString:()Ljava/lang/String;
   35: invokestatic #44            // Method
kotlin/io/ConsoleKt.println:(Ljava/lang/Object;)V
   38: return
```

可以很明显地看出来，原本 main()函数中仅仅包含一个函数调用，而编译后却有如此之多字节码，很显然内联关键字 inline 发生作用了。其实，这些字节码的逻辑与高阶函数 advance()函数的逻辑完全一致。

注：上面偏移量为 12 的指令"invokestatic #19"，执行对 square()函数的调

用。而 square 对于高阶函数 advance()而言，只是其一个入参变量，因此在正常的情况下（即没有使用内联优化），高阶函数对函数类型的入参变量的调用并不会像调用普通函数一样直接使用 invoke 系列指令。

为了对比 inline 关键字使用前后的不同效果，可以将本示例中高阶函数 advance()的函数头前面的 inline 关键字删除，然后重新编译程序，编译后的 main()函数体变成了如下这样：

```
public static final void main(java.lang.String[]);
    descriptor: ([Ljava/lang/String;)V
    flags: ACC_PUBLIC, ACC_STATIC, ACC_FINAL
    Code:
      stack=2, locals=1, args_size=1
        0: aload_0
        1: ldc          #9                   // String args
        3: invokestatic #15                  // Method
kotlin/jvm/internal/Intrinsics.checkParameterIsNotNull:(Ljava/lang
/Object;Ljava/lang/String;)V
        6: iconst_5
        7: getstatic    #21                  // Field
HelloWorldKt$main$1.INSTANCE:LHelloWorldKt$main$1;
        10: invokestatic #27                  // Method
kotlin/jvm/internal/Reflection.function:(Lkotlin/jvm/internal/Func
tionReference;)Lkotlin/reflect/KFunction;
        13: checkcast    #29                  // class
kotlin/jvm/functions/Function1
        16: invokestatic #33                  // Method
advance:(ILkotlin/jvm/functions/Function1;)V
        19: return
```

可以看到，现在字节码指令数量少了很多，并且偏移量为 16 的这条字节码指令显式调用了高阶函数 advance()。

当 advance()被声明为内联函数后，main()对该函数的调用在编译期被内联，内联后，main()函数不再包含对 advance()函数的调用指令，advance()的整个函数体被内嵌到 main()中，变成 main()函数的字节码指令。其中，原本在 advance()函数中对其入参变量 square 的调用，也变成了在 main()函数中直接调用 square()函数。这种变化，才是提升效率的关键所在——当 advance()函数没有被声明为内联函数时，main()函数需要调用 advance()函数，而在 advance()函数内部，也不再直接调用 square()函数，而是变成通过对象去调用，如下所示：

```
    public static final void advance(int,
kotlin.jvm.functions.Function1<? super java.lang.Integer, ? extends
java.lang.Integer>);
        descriptor: (ILkotlin/jvm/functions/Function1;)V
        flags: ACC_PUBLIC, ACC_STATIC, ACC_FINAL
        Code:
          stack=2, locals=3, args_size=2
            0: aload_1
            1: ldc           #36                 // String square
            3: invokestatic  #15                 // Method
kotlin/jvm/internal/Intrinsics.checkParameterIsNotNull:(Ljava/lang
/Object;Ljava/lang/String;)V
            6: aload_1
            7: iconst_3
            8: invokestatic  #42                 // Method
java/lang/Integer.valueOf:(I)Ljava/lang/Integer;
           11: invokeinterface #46,  2          // InterfaceMethod
kotlin/jvm/functions/Function1.invoke:(Ljava/lang/Object;)Ljava/la
ng/Object;
           16: checkcast     #48                 // class
java/lang/Number
           19: invokevirtual #52                 // Method
java/lang/Number.intValue:()I
           22: istore_2
           23: new           #54                 // class
java/lang/StringBuilder
           26: dup
           27: invokespecial #58                 // Method
java/lang/StringBuilder."<init>":()V
           30: ldc           #60                 // String product=
           32: invokevirtual #64                 // Method
java/lang/StringBuilder.append:(Ljava/lang/String;)Ljava/lang/Stri
ngBuilder;
           35: iload_2
           36: invokevirtual #67                 // Method
java/lang/StringBuilder.append:(I)Ljava/lang/StringBuilder;
```

```
        39: invokevirtual #71                  // Method
java/lang/StringBuilder.toString:()Ljava/lang/String;
        42: invokestatic  #77                  // Method
kotlin/io/ConsoleKt.println:(Ljava/lang/Object;)V
        45: return
```

注意这段字节码中偏移量为 1 的指令"ldc #36"，该指令的作用是将字符串"square"这个常量推送至操作数栈栈顶。经过一系列处理，最终在偏移量为 11 的指令处执行"invokeinterface #46, 2"字节码指令，该指令通过调用 kotlin.jvm.functions.Function1.invoke(java.lang.Object)接口完成对入参变量的调用。该接口包含一个入参，类型为 Java 中的顶级基类 Object。很显然，在运行期，这个入参一定是 Kotlin 对 square()函数的包装，由此可以验证 Kotlin 的确将函数包装成了一个"类型"。具体的包装方式在 main()这个调用者函数中完成。在 main()函数中，偏移量为 10 的字节码指令为"invokestatic #27"（前面贴出了非内联版本程序经编译后的 main()函数字节码指令），该指令的作用是调用如下这个接口方法：

```
kotlin.jvm.internal.Reflection.function:(kotlin.jvm.internal.F
unctionReference)
```

顾名思义，这里需要依赖 JVM 的反射功能完成对 square()函数的反射包装，最终将其包装成一个类型传递给 advance()这个高阶函数。

而当被高阶函数引用的函数也同时被声明成内联函数时，结果又是怎样呢？改造上面的示例程序，变成如下这样：

```kotlin
fun main(args:Array<String>){
    advance(5, ::square)
}


/** 声明高阶函数 */
inline fun advance(m:Int, square: (Int) -> Int){
    var product = square(3)
    println("product=$product")
}

inline fun square(x: Int): Int{
    return x * x
}
```

注:在本示例中,高阶函数 advance()以及被高阶函数引用的普通函数 square()同时被声明成了 inline 类型。

编译这段程序,得到的 main()主函数的字节码指令如下:

```
public static final void main(java.lang.String[]);
    descriptor: ([Ljava/lang/String;)V
    flags: ACC_PUBLIC, ACC_STATIC, ACC_FINAL
    Code:
      stack=2, locals=6, args_size=1
        0: aload_0
        1: ldc           #9                  // String args
        3: invokestatic  #15                 // Method
kotlin/jvm/internal/Intrinsics.checkParameterIsNotNull:(Ljava/lang
/Object;Ljava/lang/String;)V
        6: iconst_5
        7: istore_1
        8: nop
        9: iconst_3
       10: istore_2
       11: nop
       12: iload_2
       13: iload_2
       14: imul
       15: istore_2
       16: new           #17                 // class
java/lang/StringBuilder
       19: dup
       20: invokespecial #21                 // Method
java/lang/StringBuilder."<init>":()V
       23: ldc           #23                 // String product=
       25: invokevirtual #27                 // Method
java/lang/StringBuilder.append:(Ljava/lang/String;)Ljava/lang/Stri
ngBuilder;
       28: iload_2
       29: invokevirtual #30                 // Method
java/lang/StringBuilder.append:(I)Ljava/lang/StringBuilder;
       32: invokevirtual #34                 // Method
java/lang/StringBuilder.toString:()Ljava/lang/String;
```

```
        35: invokestatic  #40                    // Method
kotlin/io/ConsoleKt.println:(Ljava/lang/Object;)V
        38: return
```

毫无疑问，被 main()函数调用的高阶函数 advance()的字节码指令全部变成了 main()函数的字节码，但是本示例的一个最关键之处在于，main()函数将对被高阶函数 advance()引用的普通函数 square()的调用也都抹掉了！换言之，连 square()的函数体也都被直接嵌入到了 main()函数体之内，变成其字节码的一部分。我们看上面这段字节码中偏移量为 14 的指令，该指令为 "imul"，这条指令的作用是对操作数栈栈顶的两个 int 型数据进行相乘，这不就是 square()函数的主要功能吗？

由此可见，如果高阶函数与被高阶函数引用的普通函数同时被声明为内联函数，则高阶函数的调用函数将会同时将这两个函数进行内联，化函数调用为本地直接执行。这种处理所带来的结果是程序执行效率会更高。

不过，前文讲过，函数内联是把双刃剑，既有利也有弊——好处自然是更高的执行效率，而坏处则是更大的堆栈内存占用。如果被内联的函数体特别大，则有可能造成调用者函数发生堆栈溢出。因此，如果你不希望被高阶函数引用的普通函数也被调用者直接内联，可以通过 noinline 关键字进行解除，如下例所示：

```kotlin
fun main(args:Array<String>){
    advance(5, ::square)
}

/** 声明高阶函数 */
inline  fun advance(m:Int, noinline square: (Int) -> Int){
    var product = square(3)
    println("product=$product")
}

inline   fun square(x: Int): Int{
    return x * x
}
```

现在这个例子中，advance()函数的 square 入参前面被加上 "noinline" 关键字声明，如此声明之后，该函数类型的入参便不会被高阶函数的调用者所内联。

7.2　变量与属性

前文提到，Kotlin 中的变量会被自动包装为属性，编译器会自动为其提供 get/set 读写接口。编译器所生成的 get/set 接口到底长啥样？如果自定义 get/set 接口，那接口里面的 field 字段究竟是什么呢？顶级变量和类变量有何不同？对于这些问题，通过观察字节码指令就能找到答案。

7.2.1　属性包装

首先看一个非常简单的属性定义，假设在一个 ATM.kotlin 源文件中就声明了下面一个变量：

```
val money : Int= 0
```

编译 Kotlin 源码文件，得到字节码，使用 javap 命令查看字节码指令，输出如下：

```
public static final int getMoney();
    descriptor: ()I
    flags: ACC_PUBLIC, ACC_STATIC, ACC_FINAL
    Code:
      stack=1, locals=0, args_size=0
        0: getstatic      #22              // Field money:I
        3: ireturn

public static final void setMoney(int);
    descriptor: (I)V
    flags: ACC_PUBLIC, ACC_STATIC, ACC_FINAL
    Code:
      stack=1, locals=1, args_size=1
        0: iload_0
        1: putstatic      #22              // Field money:I
        4: return
```

在这个分析结果中，可以看到两个函数，分别如下：

```
public static final int getMoney()
public static final void setMoney(int)
```

由此可知，编译器自动为 Kotlin 变量生成了 get/set 包装器。结合这两个函数内部的字节码指令来看，Kotlin 编译器对变量的处理结果是，如果使用 Java 程序来表达，便类似于下面这种形式：

```
class ATM{
  private static Integer money;//金额

  //存款
  public static final void setMoney(Integer money){
    ATM.money = money;
  }
  //取款
  public static final Integer getMoney(){
    return ATM.money;
  }
}
```

还原成Java代码之后，很多原本就做Java开发的道友可能就看出点儿门道来了。啥门道？money 属性是个 static 类型的，即静态变量。

这有何不妥呢？显得有点不像那么回事儿。在 Java 中，建模时绝对不会这么干，不会有谁会将模型字段声明成 static 类型，否则就不是封装了。而且，就算有人将一个字段声明成 static 静态类型，也不一定会为其开发 get/set 属性包装器。所以 Kotlin 中的顶级字段其实从严格意义上来讲，并不属于"属性"的概念，它就是一个全局变量，它已经与类脱离了关系。不过，在语法层面，开发者感受不到全局变量的封装性，因为开发者并不需要通过调用变量对应的 get/set 方法来访问变量。

那么问题来了，如果要遵循面向对象的思想，实现对类属性的真正封装，该如何实现呢？其实很简单，只需要将变量定义在类中，它就是真正严格意义上的"属性"。

既然 Kotlin 会自动为属性提供 get/set 访问接口，那么在程序中对变量进行读写时，会不会自动调用属性的 get/set 接口呢？看下面的示例。

清单：Animal.kt

功能：演示属性读写机制

```
class Animal(){
    var name : String? = null
}
fun main(args:Array<String>){
```

```
    var ani = Animal()
    ani.name="tony" + "_dog"
    println("animal.name=${ani.name}")
}
```

本示例定义了一个 Animal 类，声明了一个属性 name。在 main()函数中先为 name 属性写入一个值，接着再通过 println()函数进行读取。编译 Animal.kt，得到 AnimalKt.class，接着使用 javap 命令查看编译后的字节码文件，其中 main()函数的指令如下：

```
public static final void main(java.lang.String[]);
    descriptor: ([Ljava/lang/String;)V
    flags: ACC_PUBLIC, ACC_STATIC, ACC_FINAL
    Code:
      stack=3, locals=2, args_size=1
        0: aload_0
        1: ldc            #19              // String args
        3: invokestatic   #25              // Method
kotlin/jvm/internal/Intrinsics.checkParameterIsNotNull:(Ljava/lang
/Object;Ljava/lang/String;)V

        //实例化 Animal 类
        6: new            #27              // class Animal
        9: dup
       10: invokespecial  #30              // Method
Animal."<init>":()V
       13: astore_1
       14: aload_1

        //执行 ani.name="tony" + "_dog"
       15: new            #32              // class
java/lang/StringBuilder
       18: dup
       19: invokespecial  #33              // Method
java/lang/StringBuilder."<init>":()V
       22: ldc            #35              // String tony
       24: invokevirtual  #39              // Method
java/lang/StringBuilder.append:(Ljava/lang/String;)Ljava/lang/Stri
ngBuilder;
       27: ldc            #41              // String _dog
```

```
        29: invokevirtual #39                // Method
java/lang/StringBuilder.append:(Ljava/lang/String;)Ljava/lang/Stri
ngBuilder;
        32: invokevirtual #45                // Method
java/lang/StringBuilder.toString:()Ljava/lang/String;

        //调用 Animal.setName()完成 name 属性赋值
        35: invokevirtual #49                // Method
Animal.setName:(Ljava/lang/String;)V

        //执行 println("animal.name=${ani.name}")
        38: new           #32                // class
java/lang/StringBuilder
        41: dup
        42: invokespecial #33                // Method
java/lang/StringBuilder."<init>":()V
        45: ldc           #51                // String animal.name=
        47: invokevirtual #39                // Method
java/lang/StringBuilder.append:(Ljava/lang/String;)Ljava/lang/Stri
ngBuilder;
        50: aload_1

        //调用 Animal.getName()完成 name 属性读取
        51: invokevirtual #54                // Method
Animal.getName:()Ljava/lang/String;
        54: invokevirtual #39                // Method
java/lang/StringBuilder.append:(Ljava/lang/String;)Ljava/lang/Stri
ngBuilder;
        57: invokevirtual #45                // Method
java/lang/StringBuilder.toString:()Ljava/lang/String;
        60: invokestatic  #57                // Method
kotlin/io/ConsoleKt.println:(Ljava/lang/Object;)V
        63: return
```

通过字节码可以看出，Kotlin 编译器将 "ani.name="tony" + "_dog"" 最终解析成通过调用 Animal.setName()接口来完成对 name 属性的写入，同时将 "println("animal.name=${ani.name}")" 解析成通过调用 Animal.getName()来完成对 name 属性的读取。Kotlin 通过接口对属性进行读写的严格约束，为面向对象封装做了最好的诠释。

7.2.2 延迟初始化

我们在第 3 章中曾讲过，在声明非空类型的属性时必须要对其初始化。为了不赋初值，可以有好几种写法。其实还有一种方式可以声明属性而无须赋初值，那就是延迟初始化。

要延迟初始化，只需要在类属性前面使用 lateinit 关键字进行修饰即可，例如：

```
lateinit var name : String
```

注意，lateinit 关键字不能用于修饰 Kotlin 的原生类型，例如下面这样就不行：

```
lateinit var weight : Int
```

既然 lateinit 关键字可以使得在声明属性时无须赋初值，那么在使用时如果尚未赋初值，会出现什么结果呢？要知道 Kotlin 在空指针异常校验这方面可是下了很大工夫的。下面举一例进行测试。

清单：Animal.kt

功能：测试 lateinit 关键字

```
class Animal(){
    lateinit  var name : String
}
fun main(args:Array<String>){
    var ani = Animal()
    println("animal.name=${ani.name}")
}
```

该示例使用 lateinit 关键字修饰了 Animal 类的属性 name，在 main()测试函数中，未初始化 name 属性便直接打印其值。运行该程序，发现程序报错：

```
Exception in thread "main"
kotlin.UninitializedPropertyAccessException: lateinit property name
has not been initialized
```

从报错信息看，引起程序异常的原因是延迟初始化的属性未被初始化。由此可见，lateinit 关键字并非仅仅是静态编译期的一个标识符那么简单，这个关键字会使系统在运行期对属性字段加以校验，如果在运行期，一个延迟初始化的属性在被使用前还未被初始化，则该关键字会驱使系统抛出异常。

这个关键字是如何做到将其影响力从编译期一直带到运行期呢？

其实一切还是得到编译后的字节码中寻找答案。将上面这段示例程序进行编译，得到 AnimalKt.class，使用 javap 命令查看编译后的字节码指令。既然程序能够在运行期抛出"UninitializedPropertyAccessException"异常，说明生成的字节码中必定有对应的逻辑。首先看 main()函数对应的字节码，输出如下：

```
public static final void main(java.lang.String[]);
    descriptor: ([Ljava/lang/String;)V
    flags: ACC_PUBLIC, ACC_STATIC, ACC_FINAL
    Code:
      stack=2, locals=2, args_size=1
        0: aload_0
        1: ldc            #19                 // String args
        3: invokestatic   #25                 // Method
kotlin/jvm/internal/Intrinsics.checkParameterIsNotNull:(Ljava/lang
/Object;Ljava/lang/String;)V
        6: new            #27                 // class Animal
        9: dup
       10: invokespecial  #30                 // Method
Animal."<init>":()V
       13: astore_1
       14: new            #32                 // class
java/lang/StringBuilder
       17: dup
       18: invokespecial  #33                 // Method
java/lang/StringBuilder."<init>":()V
       21: ldc            #35                 // String animal.name=
       23: invokevirtual  #39                 // Method
java/lang/StringBuilder.append:(Ljava/lang/String;)Ljava/lang/Stri
ngBuilder;
       26: aload_1
       27: invokevirtual  #43                 // Method
Animal.getName:()Ljava/lang/String;
       30: invokevirtual  #39                 // Method
java/lang/StringBuilder.append:(Ljava/lang/String;)Ljava/lang/Stri
ngBuilder;
```

```
      33: invokevirtual #46              // Method
java/lang/StringBuilder.toString:()Ljava/lang/String;
      36: invokestatic  #49              // Method
kotlin/io/ConsoleKt.println:(Ljava/lang/Object;)V
      39: return
```

发现并无任何特殊的地方，程序并未抛出 UninitializedPropertyAccessException 异常。那么该异常在哪里被抛出呢？继续寻找，既然 main() 主函数中没有，而 main() 函数仅仅试图打印 Animal.name 属性的值，那么编译器很可能在 name 属性的 get/set 访问器中做了手脚。分析 name 属性对应的 get 访问器，对应的字节码如下：

```
public final java.lang.String getName();
    descriptor: ()Ljava/lang/String;
    flags: ACC_PUBLIC, ACC_FINAL
    Code:
      stack=2, locals=1, args_size=1
        0: aload_0
        1: getfield    #11               // Field
name:Ljava/lang/String;
        4: dup
        5: ifnonnull   13
        8: ldc         #12               // String name
       10: invokestatic #18              // Method
kotlin/jvm/internal/Intrinsics.throwUninitializedPropertyAccessExc
eption:(Ljava/lang/String;)V
       13: areturn
```

果然，在这段字节码中，看到了主动抛出 UninitializedPropertyAccessException 异常的指令，该指令偏移量为 10，指令是 invokestatic #18，该指令最终调用的函数如下：

```
void
kotlin.jvm.internal.Intrinsics.throwUninitializedPropertyAccessExc
eption(java.lang.String param);
```

啥情况下会执行该指令呢？看上面偏移量为 5 的指令，该处的指令是 "ifnonnull 13"，这表示如果 name 属性不为空，就直接跳转到偏移量为 13 的字节码指令，该处的指令是 areturn，程序执行到这里，就直接退出 get 函数。换言之，如果 name 属性值为空，就不会直接跳转到 areturn 这条指令，而是会继续执行 ifnonnull 指令后面的指令，而其后面偏移量为 10 的指令会抛出异常。这么一分析，上面这段字节码指令的逻辑就很简单了，如果 name 属性不为空，就直接返回，否则就抛出异常给你看！这便是 lateinit 关键字将其生命周期延伸到运行期的秘密所在。

为了对比，将上面 Animal 类中 name 属性的 lateinit 修饰符去掉，然后重新编译，查看重新编译后的 get 访问器的字节码指令，输出如下：

```
public final java.lang.String getName();
    descriptor: ()Ljava/lang/String;
    flags: ACC_PUBLIC, ACC_FINAL
    Code:
      stack=1, locals=1, args_size=1
        0: aload_0
        1: getfield      #11      // Field name:Ljava /lang/String;
        4: areturn
```

可以看到，现在的 get 访问器的指令只有 3 条，也没有抛出异常的逻辑。这是将 lateinit 关键字删除所致。

7.2.3　let 语法糖

在前面章节讲过，Kotlin 拥有非常强大的空安全校验机制，如果一个变量被声明为可空类型（例如字符串对应的可空类型为 String?），那么是不能直接在程序中使用该变量的，需要使用 let{}块包住它。

let{}块其实就是一个语法糖，由编译器负责解释，生成特定的字节码指令。我们仍然以前文所举过的 Animal 类为例。

清单：Animal.kotlin

功能：演示 Kotlin 的 let 语法糖

```
class Animal(){
    var name : String? = null
    var height : Int? = null

    fun test(){
        name?.let{
            println("name=$name")
```

```
                }
            }
        }
```

  该例中的 test()函数为了能够安全地使用 name 属性，使用了 let{}块，这样编译器就不会报错。编译该程序，得到 Animal.class 字节码文件，使用 javap -v 命令分析 test()方法对应的字节码，输出如下：

```
public final void test();
    descriptor: ()V
    flags: ACC_PUBLIC, ACC_FINAL
    Code:
      stack=2, locals=5, args_size=1
         0: aload_0
         1: getfield      #11            // Field
name:Ljava/lang/String;
         4: dup
         5: ifnull        49
         8: astore_1
         9: nop
        10: aload_1
        11: checkcast     #28            // class
java/lang/String
        14: astore_2
        15: new           #30            // class
java/lang/StringBuilder
        18: dup
        19: invokespecial #33            // Method
java/lang/StringBuilder."<init>":()V
        22: ldc           #35            // String name=
        24: invokevirtual #39            // Method
java/lang/StringBuilder.append:(Ljava/lang/String;)Ljava/lang/Stri
ngBuilder;
        27: aload_0
        28: invokevirtual #41            // Method
getName:()Ljava/lang/String;
        31: invokevirtual #39            // Method
java/lang/StringBuilder.append:(Ljava/lang/String;)Ljava/lang/Stri
ngBuilder;
        34: invokevirtual #44            // Method
java/lang/StringBuilder.toString:()Ljava/lang/String;
```

```
        37: invokestatic  #50                // Method
kotlin/io/ConsoleKt.println:(Ljava/lang/Object;)V
        40: getstatic     #56                // Field
kotlin/Unit.INSTANCE:Lkotlin/Unit;
        43: checkcast     #52                // class kotlin/Unit
        46: goto          51
        49: pop
        50: aconst_null
        51: pop
        52: return
```

注意上面偏移量为 5 的字节码指令，该指令是 "ifnull 49"。ifnull 这条字节码指令的含义是：如果栈顶数据为空值，就执行跳转，跳转到 ifnull 这条指令后面所跟的一个数字所表示的指令。在本例中，ifnull 后面所跟的数字是 49，所以如果栈顶数据是空值，程序就直接跳转到 test() 函数中偏移量为 49 的字节码指令处继续执行。

在本例中，字节码偏移量为 49 的指令是 pop，即弹出栈顶数据。这条指令已经到了程序的末尾，在其后面再执行 2 条指令，就直接 return，退出函数。

其实，从 ifnull 指令到偏移量为 49 的指令，中间直接跳过了 let{} 块里面的逻辑，所以，let{} 块真正的含义是（以本例为例）：如果 Animal.name 属性为空值，就不执行 let{} 块里面的逻辑，而是直接跳过去。

这便是在 Kotlin 中可以安全地使用可空变量的机制所在。

7.3　类定义

虽然在 Kotlin 中可以直接声明顶级函数，这让 Kotlin 看起来像是面向过程的编程语言。但是 Kotlin 其实仍然是面向对象的语言，毕竟底层直接基于 JVM 虚拟机。正是因为这一点，Kotlin 在语法层面支持使用"类型"来进行封装。但是前文多次提到，Kotlin 的源文件在被编译之后，整体被当作一个类型，那么问题来了：如果在 Kotlin 源码中再显式地定义一个类型，这个被显式定义的类型究竟算什么？会不会与 Java 中的内部类是一个性质呢？

为了搞清楚这个问题，我们先对 Java 程序中的内部类进行深入的研究。

7.3.1 Java 内部类

下面的示例使用 Java 语言演示了一个高效缓存类 Cache，Cache 类包含一个内部类 Slot：

```
import java.util.Map;
public class Cache {
    /** 缓存容器 */
    private Map container;

    public Object get(String key){
        return container.get(key);
    }

    /** 缓存行 */
    private final class Slot {
        /** 32 位占 64 个字节,64 位占 128 个字节 */
        long q0, q1, q2, q3, q4, q5, q6, q7, q8, q9, qa, qb, qc, qd,qe;

        public Slot(){
         //空构造函数
        }

        public Object get(String key){
            return container.get(key);
        }
    }
}
```

这个 Java 类被编译后，实际上生成了两个字节码文件，分别是 Cache.class 和 Cache$Slot.class。各位道友不妨自己亲自动手编译体验下。这两个类彼此独立，但是在数据上存在内部联系，例如，在内部类 Slot 的成员函数中可以直接访问其外部类 Cache 中的成员变量。内部类之所以能够访问外部类的成员变量，其实是编译器偷偷做了手脚。使用 javap 命令分析编译后的 Cache$Slot.class 字节码文件，输出如下：

```
Classfile /Users/.../production/hk/Cache$Slot.class
  Last modified 2017-6-21; size 987 bytes
  MD5 checksum 0db43a0f79cb362f7e15a94994cedc02
  Compiled from "Cache.java"
final class Cache$Slot
```

```
      minor version: 0
      major version: 50
      flags: ACC_FINAL, ACC_SUPER
```

```
//常量池信息
Constant pool:
   #1 = Methodref     #6.#47   // Cache$Slot."<init>":(LCache;)V
   #2 = Fieldref      #6.#48   // Cache$Slot.this$0:LCache;
   #3 = Methodref     #7.#49   // java/lang/Object."<init>":()V
   #4 = Methodref     #50.#51  // Cache.access$000:(LCache;)Ljava/
                                  util/Map;
   //......
   #61 = Utf8             java/util/Map
   #62 = Utf8             (Ljava/lang/Object;)Ljava/lang/Object;
```

```
{
  //类变量开始
  long q0;
    descriptor: J
    flags:

  //......

  long qe;
    descriptor: J
    flags:

  final Cache this$0;  //这里持有对外部类的实例引用
    descriptor: LCache;
    flags: ACC_FINAL, ACC_SYNTHETIC
  //类变量结束

  //......
}
```

注意上面的加粗行，该行表示在 Cache$Slot 类中声明了一个被 final 修饰的类成员变量 this$0。但是，在上面显示的 Cache 类中并没有人工定义这个变量，很显然，这个变量是编译器自动加上的。这个成员变量的类型是 Cache，有了 Cache 类型的成员变量的实例引用，在 Cache 的内部类 Slot 的成员方法中就能访问 Cache 中的成员变量了。

但是，内部类 Slot 的成员方法若要访问 this$0 成员变量中的成员变量（有点绕是不是），得有一个前提，那就是首先要实例化 this$0 变量。那么实例化的动作在哪里完成的呢？

其实也很简单，编译器在 Slot 的构造函数中做了手脚。在编译后的 Cache$Slot.class 字节码文件中，被自动插入了这么一个构造函数：

```
public Cache$Slot(Cache);
    descriptor: (LCache;)V
    flags: ACC_PUBLIC
    Code:
      stack=2, locals=2, args_size=2
        0: aload_0
        1: aload_1
        2: putfield      #1    // Field this$0:LCache;
        5: aload_0
        6: invokespecial #2    // Method java/lang/Object."<init>":)V
        9: return
      LineNumberTable:
        line 20: 0
        line 22: 9
      LocalVariableTable:
        Start  Length  Slot  Name   Signature
            0      10      0  this   LCache$Slot;
```

在这里，编译器为 Slot 内部类添加了一个含参的构造函数，将上面这段字节码还原成 Java 程序，大体上是这样：

```
public Cache$Slot(Cache cache){
this.this$0 = cache;
}
```

这个构造函数很显然是编译器自动生成的，因为我们前面并没有显式声明这个函数。编译器通过这个构造函数，完成 Slot 类成员变量 this$0 的初始化。

注：使用 javap 命令时，不会直接将构造函数显示为<init>()这样的函数名，而是显示为普通的构造函数的声明方式。

那么 Slot 的含参构造函数在啥时候调用呢？为了说明这个问题，我们专门为上面的示例再增加一个测试方法：

```java
import java.util.Map;

public class Cache {
    /** 缓存容器 */
    private Map container;

    public Object get(String key){
        return container.get(key);
    }

    /** 缓存行 */
    private final class Slot {
        /** 32 位占 64 个字节,64 位占 128 个字节 */
        long q0, q1, q2, q3, q4, q5, q6, q7, q8, q9, qa, qb, qc, qd, qe;

        public Slot(){ }

        public Object get(String key){
            return container.get(key);
        }
    }

    public static void main(String[] args){
        Slot slot = new Cache().new Slot();
    }
}
```

为上面的示例增加了 main() 函数，在里面实现了对 Slot 类的实例化。这里要注意的一个问题是，由于 Slot 类是 Cache 类的内部类，所以它不能像普通的类那样被实例化，例如不能写成下面这种形式：

```java
Slot slot = new Slot();
```

对 Slot 类实例化必须写成下面这种形式：

```java
Slot slot = new Cache().new Slot();
```

写成这种形式其实是有道理的。重新编译 Cache 类，并执行 javap 命令查看编译后的 main()函数的字节码，如下：

```
public static void main(java.lang.String[]);
    descriptor: ([Ljava/lang/String;)V
    flags: ACC_PUBLIC, ACC_STATIC
    Code:
     stack=4, locals=2, args_size=1
        0: new           #6                  // class Cache$Slot
        3: dup
        4: new           #7                  // class Cache
        7: dup
        8: invokespecial #8                  // Method "<init>":()V
       11: dup
       12: invokevirtual #9                  // Method
java/lang/Object.getClass:()Ljava/lang/Class;
       15: pop
       16: invokespecial #10                 // Method
Cache$Slot."<init>":(LCache;)V
       19: astore_1
       20: return
```

编译后的 main()函数一共包含 11 条字节码指令，其中除了 dup 这种无意义的指令外，其余几个重要的字节码指令及其含义与偏移量如表 7-1 所示。

表 7-1　字节码指令的偏移量与含义

字节码指令	偏移量	含　义
new #6	0	实例化 Cache$Slot 类
new #7	4	实例化 Cache 类
invokespecial　#8	8	调用 Cache 类实例对象的<init>()方法
		注：<init>()其实就是 Java 类的构造函数，在字节码中，构造函数名称使用<init>表示
invokespecial　#10	16	调用 Cache$Slot 类实例对象的<init>(Cache cache)方法

根据这几个字节码，可以还原等义的 Java 程序。

清单：Cache.java

功能：还原编译后的内部类实例化

```
public static void main(String[] args){
```

```
Slot slot = new Slot();
Cache cache = new Cache();
cache.<init>();
slot.<init>(cache);
}
```

还原出的 Java 形式的 main()方法，与原本定义的 main()方法的内容截然不同。源程序中只写了一行 "Slot slot = new Cache().new Slot()" 代码，而根据字节码指令还原后，则变成了多行。其实，还原后的程序中最关键的就是最后一句：

```
slot.<init>(cache);
```

这句代码便是在调用 Slot 类的含参构造函数。上文讲过，这个含参构造函数是编译器自动在字节码文件中生成的，该函数的作用就是将 Cache 类实例对象传递给 Slot 类中自动生成的类成员变量 this$0。Java 正是通过这种方式，实现 Java 内部类对外部类实例的持有，也只有具备了对外部类实例的持有对象，内部类的成员方法才能直接访问外部类的成员变量，否则是行不通的。

关于 Java 内部类就先讲到这里，之所以讲解 Java 的内部类机制，是因为这对理解 Kotlin 的类型有一定的参考作用。现在可以看看 Kotlin 中的类型究竟是怎么一回事。

7.3.2　Kotlin 中的类

首先定义一个 Kotlin 的类型。

清单：/com/Cache.kt

功能：演示 Kotlin 的类定义

```
package com

val a : Int = 3 ;

class Cache(){
    fun put(m:Int){
        print("=======set key=$m\n")
    }
}
```

这个类非常简单。编译程序，可以看到在 com/目录下生成了两个类：

```
Cache.class
CacheKt.class
```

我们知道，Kotlin 源码经编译后，所生成的类名是 Kotlin 源码文件的名称加上"Kt"后缀，因此可以确定，com/目录下的 Cache.class，必定是我们在 Cache.kt 源程序中显式定义的 Cache 类。那么，这个显式定义的 Cache 类究竟算不算是 Java 里的"内部类"呢？

仍然使用 javap 命令分析 CacheKt.class，在输出结果中搜索有没有名为"InnerClasses"的 tag 属性。经过测试，CacheKt.class 中并没有这个属性，因此可以确定，这个显式定义的 Cache 类并不等同于 Java 中的内部类。

为了进一步证明，可以另外写一个测试程序。

清单：Hello.kt

功能：证明在 Kotlin 源程序中定义的类不是内部类

```
import com.Cache

fun main(args: Array<String>) {
    val cache = Cache()
    cache.put(3)
}
```

上面这段程序对前面在 Cache.kt 文件中定义的 Cache 类进行了实例化。通过编译后的字节码指令，可以进一步确认这种实例化是否是针对内部类而进行的。

编译这段程序并使用 javap 命令查看编译后的内容：

```
public static final void main(java.lang.String[]);
    descriptor: ([Ljava/lang/String;)V
    flags: ACC_PUBLIC, ACC_STATIC, ACC_FINAL
    Code:
      stack=2, locals=2, args_size=1
        0: aload_0
        1: ldc           #16              // String args
```

```
    3: invokestatic #22                // Method
kotlin/jvm/internal/Intrinsics.checkParameterIsNotNull:(Ljava/lang
/Object;Ljava/lang/String;)V
    6: new            #24                // class Cache
    9: dup
   10: invokespecial   #28               // Method Cache."<init>":()V
   13: astore_1
   14: aload_1
   15: iconst_3
   16: invokevirtual   #32               // Method Cache.put:(I)V
   19: return
```

根据前文所讲的 Java 内部类的实例化，如果 Cache 类属于内部类，则在实例化 Cache 类之前，必须要先实例化其外部类，然后调用编译器自动为 Cache 类生成的含参构造函数。但是在上面这段字节码片段中并没有看到类似的指令，因此可以进一步证明，在 Kotlin 源程序中显式定义的类并非被处理成内部类，而是会被当作普通的类来处理。这种类与普通的 Java 类最大的不同之处在于，Java 类被编译后，直接生成对应的字节码文件，而 Kotlin 则会另外生成一个字节码文件。

然而，不同之处仅仅这些吗？

远远不是。别忘了，在 Kotlin 源程序中所定义的顶级属性和方法，默认都是全局生效的，那么很显然，在 Kotlin 中显式声明的类型内部，也是可以直接访问这些全局生效的属性和方法的。Kotlin 编译器必须要处理这种情况。具体如何处理，且看下文。

7.3.3　Kotlin 类对顶级属性和方法的访问

前文分析过，在 Kotlin 源程序中声明的顶级方法和属性，默认具备 public 和 static 全局性质，因此无论在 Kotlin 源程序内部还是外部，都可以直接访问。那么对于 Kotlin 中显式定义的类型，该如何访问呢，编译器有没有特殊的处理呢？

在编写测试代码之前，可以先进行简单的猜测：由于 Kotlin 中顶级方法和属性已经具备 public 和 static 性质，因此理论上在任何地方都可以直接访问，即使在类型内部，也无须特殊处理。

一切猜测最终还是要通过试验来证明。下面是一个简单的测试程序。

清单：/Cache.kt

功能：演示在 Kotlin 中显式声明的类型内部对顶级属性和方法的访问

```kotlin
fun add(x:Int, y:Int) : Int{
    var sum = x + y
    return sum
}

var a : Int = 3 ;

class Cache(){

    fun add(b:Int){
        var sum = a + b
        a = 5
        print("sum=${add(a, sum)} \n")
    }
}
```

在这段 Kotlin 源程序中，声明了一个顶级方法 add(x:Int, y:Int)和一个顶级属性 a:Int。在 Kotlin 中显式声明的类型 Cache 的 add()方法内部，对顶级属性和方法都进行了访问，其中，对顶级属性 a 还进行了写操作。

编译这段程序，使用 javap 命令查看所生成的字节码内容：

```
public final void add(int);
    descriptor: (I)V
    flags: ACC_PUBLIC, ACC_FINAL
    Code:
      stack=3, locals=3, args_size=2
        0: invokestatic     #12                 // Method
CacheKt.getA:()I
        3: iload_1
        4: iadd
        5: istore_2
        6: iconst_5
        7: invokestatic     #15                 // Method
CacheKt.setA:(I)V
       10: new              #17                 // class
java/lang/StringBuilder
       13: dup
```

```
        14: invokespecial    #21                    // Method
java/lang/StringBuilder."<init>":()V
        17: ldc              #23                    // String sum=
        19: invokevirtual    #27                    // Method
java/lang/StringBuilder.append:(Ljava/lang/String;)Ljava/lang/Stri
ngBuilder;
        22: invokestatic     #12                    // Method
CacheKt.getA:()I
        25: iload_2
        26: invokestatic     #30                    // Method
CacheKt.add:(II)I
        29: invokevirtual    #33                    // Method
java/lang/StringBuilder.append:(I)Ljava/lang/StringBuilder;
        32: ldc              #35                    // String
        34: invokevirtual    #27                    // Method
java/lang/StringBuilder.append:(Ljava/lang/String;)Ljava/lang/Stri
ngBuilder;
        37: ldc              #37                    // String \n
        39: invokevirtual    #27                    // Method
java/lang/StringBuilder.append:(Ljava/lang/String;)Ljava/lang/Stri
ngBuilder;
        42: invokevirtual    #41                    // Method
java/lang/StringBuilder.toString:()Ljava/lang/String;
        45: invokestatic     #47                    // Method
kotlin/io/ConsoleKt.print:(Ljava/lang/Object;)V
        48: return
```

观察上面这段字节码片段，可以发现，在 Cache 类内部访问顶级属性 a 时，调用了 CacheKt.getA()方法（偏移量为 0 的字节码指令），而在写变量 a 时，则调用了 CacheKt.setA(I)方法（偏移量为 7 的字节码指令）。

同样，在 Cache 类内部访问顶级方法 add()时，调用了 CacheKt.add(II)方法（偏移量为 26 的字节码指令）。

这段示例程序在对顶级方法和顶级变量读写的同时还进行了验证，由此可以证明，在 Kotlin 类型内部对顶级方法和变量进行访问时，并没有经过任何特殊的处理。

7.3.4 Kotlin 类中的成员变量

前文在讲述"变量与属性"时曾提到过，Kotlin 中的顶级变量本质上是全局静态变量，因此这样的变量不能称为"属性"。如果想为一个客观事物封装属性，就只能在 Kotlin 中通过类型来解决。为了加强对比，特意将前文中所使用的 ATM 示例加以改造，改造后的效果如下。

清单：ATM.kt

功能：演示顶级变量和类变量

```
var money : Int = 0

class ATM{
    var money : Int  = 0;
}
```

在这个示例中，定义了一个顶级变量 money。为了演示属性封装，专门定义了一个 ATM 类，同时在 ATM 类中声明了一个属性 money。编译这个程序，编译后会得到两个 class 字节码文件，一个是 ATMKt.class，另一个是 ATM.class。至于为何会生成这两个字节码文件，以及这两个字节码文件的区别，前文已经讲述过，这里不再赘述。

前面在分析 Kotlin 顶级变量的封装时，详细讲解了编译器封装顶级变量的机制，对应到本例中，在 ATM 类的外部对 money 字段的定义，经过编译器处理后，变成了下面这段逻辑：

```
private static int money;
public static final int getMoney(){
return ATM.money;
}
public static final void setMoney(int money){
ATM.money=value;
}
```

注意，无论是变量声明还是 get/set 访问器，都被 static 所修饰，这些都表明 Kotlin 的顶级变量其实就是全局静态变量。而对于显式声明的 ATM 类中的 money 字段，编译器的处理逻辑就不同了，这种不同可以在通过使用 javap 命令对 ATM.class 字节码文件进行分析后看到，分析的结果输出如下。

```
public final int getMoney();
```

```
     descriptor: ()I
     flags: ACC_PUBLIC, ACC_FINAL
     Code:
       stack=1, locals=1, args_size=1
         0: aload_0
         1: getfield      #10              // Field money:I
         4: ireturn

public final void setMoney(int);
     descriptor: (I)V
     flags: ACC_PUBLIC, ACC_FINAL
     Code:
       stack=2, locals=2, args_size=2
         0: aload_0
         1: iload_1
         2: putfield      #10              // Field money:I
         5: return
```

可以看到，Kotlin 编译器也为类中的字段自动生成了 get/set 访问器，但是这些访问器接口都不是 static 的，换言之，这些访问器就是 Java 中的类成员方法。从 javap 的分析结果中看不到有 money 字段的描述，这说明编译后，money 字段的访问标识被设置成 private 了。所以，ATM 类中的 money 字段被编译后，实际上是这样一种效果，这种效果使用 Java 程序来表达便是：

```java
class ATM{
  private Integer money;//金额

  //存款
  public void setMoney(Integer money){
    ATM.money = money;
  }
  //取款
  public Integer getMoney(){
    return ATM.money;
  }
}
```

如果你曾经是一名 Java 工程师，那么对于这种属性封装再熟悉不过，这才是正儿八经的属性封装。由此可以看出，在 Kotlin 中，类型属性与全局变量是区分得很开的，全局变量没有必要非要在类中声明，而可以直接将其声明成顶级变量。这相对于

Java 语言，无疑是一种巨大的进步。而在 Java 中，不管一个变量是不是全局的，都必须在类中定义，缺失了灵活性，同时也有过于面向对象之嫌。

7.3.5　单例对象

前文在讲解 kotlin.Unit 类型时，曾说过声明该类型时所使用的关键字并不是 class，而是 object。使用 object 关键字声明一个类型时，声明的是一个单例模式的类型。根据 Kotlin 的官方文档，object 是 lazy-init 的，即延迟初始化，只有在第一次使用时才会加载并实例化它。

有过 Java 开发经验的道友，单例模式或多或少都接触过。关于单例模式还有一个非常著名的讨论——double check，这个稍后再说，先看看 Kotlin 中单例模式的实现机制。下面是一个单例模式的示例：

```
public object Singleton{
    override fun toString() = "singleton"
}
```

该类的实现与 kotlin.Unit 类基本一样，都只重写了 toString()方法。由于这个类使用 object 关键字声明，因此是一个单例，而 Kotlin 底层基于 JVM 虚拟机，因此这个类经编译后生成的字节码必定实现了某种单例设计模式。编译该类，使用 javap 命令查看其字节码，输出如下：

```
public static final Singleton INSTANCE;
    descriptor: LSingleton;
    flags: ACC_PUBLIC, ACC_STATIC, ACC_FINAL

  public static final Singleton INSTANCE$;
    descriptor: LSingleton;
    flags: ACC_PUBLIC, ACC_STATIC, ACC_FINAL
    Deprecated: true

public java.lang.String toString();
    descriptor: ()Ljava/lang/String;
    flags: ACC_PUBLIC
    Code:
      stack=1, locals=1, args_size=1
        0: ldc           #9                  // String singleton
```

```
       2: areturn

  static {};
    descriptor: ()V
    flags: ACC_STATIC
    Code:
      stack=1, locals=0, args_size=0
        0: new           #2        // class Singleton
        3: invokespecial #35       // Method "<init>":()V
        6: return

  private Singleton();
    descriptor: ()V
    flags: ACC_PRIVATE
    Code:
      stack=1, locals=1, args_size=1
        0: aload_0
        1: invokespecial #18       // Method
java/lang/Object."<init>":()V
        4: aload_0
        5: checkcast     #2        // class Singleton
        8: putstatic     #20       // Field INSTANCE:LSingleton;
       11: aload_0
       12: checkcast     #2        // class Singleton
       15: putstatic     #22       // Field INSTANCE$:LSingleton;
       18: return
```

从该字节码分析结果可知，编译后的 Singleton 类的结构信息如下：

```
public final class Singleton {
  public static final Singleton INSTANCE;
  public static final Singleton INSTANCE$;
  public java.lang.String toString();
  static {};
  private Singleton();
}
```

编译后的 Singleton 类包含两个属性和 3 个方法。这两个属性分别是：

- INSTANCE
- INSTANCE$

　　不过第二个属性带有 deprecated 标签，表明该属性被废弃，因此我们不分析该属性相关的逻辑。我们在源码中并没有定义 INSTANCE 这个属性，很显然这个属性是编译器自动生成的。关于该属性的作用，后面会分析，这里先略过不表。

　　编译后的 Singleton 类的 3 个方法如下：

- toString()
- static{}
- Singleton()

　　我们在源代码中只重写了 toString()方法，很显然，另外两个方法是编译器自动生成的。事实上，static{}函数在 Singleton 类型被 JVM 虚拟机加载时会被调用，而 Singleton()明显是构造函数，虽然我们在源码中并没有显示声明一个构造函数，但是编译器自动生成了，并且从上面的字节码分析结果可以看出，这个构造函数内部被编译器自动生成了一些特定的逻辑。

　　注：该构造函数的访问标识是 private，因此直接使用 javap -v 命令无法看到该函数的字节码信息，必须要加上-private 选项。

　　既然 Singleton 是个单例，那么很显然，单例设计模式的实现逻辑必然被封装在 static{}和 Singleton()这两个方法中。根据这两个方法的字节码指令，可以反向还原出它们对应的 Java 代码（由于 Kotlin 类中不能直接声明 static 类型的属性，因此根据该字节码指令，并不能完全还原出十分匹配的 Kotlin 源码，但是可以还原出与字节码指令精确匹配的 Java 源码，因此这里便以 Java 代码为例讲解）。

```java
public class  Singleton {

    /** 该构造函数由编译器自动生成，注意其访问标识是 private */
    private Singleton(){
        INSTANCE = this;
    }

    /** 该字段由编译器自动生成 */
    public final static Singleton INSTANCE;
```

```
/** 这里的 static{}块逻辑对应字节码中的 static{}方法 */
static {
    new Singleton();
}

}
```

这便是根据 Kotlin 单例类的字节码反向推导所得到的对应的 Java 类。注意，在字节码文件中，INSTANCE 这个字段被标记为具有 public、final 和 static 这 3 个性质，但是如果你在 Java 源代码中真的这么写，则编译器会提示 INSTANCE 类应当在声明时就初始化。

在 Java 类中，static{}块中的逻辑会在类被加载的过程中被执行，在本示例中，在 static{}块逻辑中直接实例化一个 Singleton 对象，因此会调用该对象的构造函数。而在构造函数中，通过 INSTANCE=this，将 INSTANCE 这个静态字段指向所构建的 Singleton 实例对象，从而完成单例构建。其他地方要使用该类实例时，通过 Singleton.INSTANCE 获取。

由于一个类型只会被加载一次（除非使用），因此无论客户端调用多少次 Singleton.INSTANCE 来获取单例，都不会重新实例化 Singleton 对象，从而实现单例设计模式。

那么对于 Kotlin 中的单例对象，客户端怎么调用呢？上面定义了一个单例对象 Singleton，在程序中直接将其当作一个实例对象来使用：

```
fun main(args:Array<String>){
    var a = Singleton
    println(a.toString())
}
```

在该示例中，我们并没有实例化 Singleton，而是将其当作一个普通对象直接使用。事实上，单例对象的确已经是一个实际的对象，不需要实例化，直接便能使用。这是怎么做到的呢？答案还是从字节码中寻找。编译这里的 main()主函数，观察其字节码指令，如下：

```
public static final void main(java.lang.String[]);
    descriptor: ([Ljava/lang/String;)V
    flags: ACC_PUBLIC, ACC_STATIC, ACC_FINAL
```

```
Code:
  stack=2, locals=2, args_size=1
     0: aload_0
     1: ldc                #9                 // String args
     3: invokestatic       #15                // Method
kotlin/jvm/internal/Intrinsics.checkParameterIsNotNull:(Ljava/lang
/Object;Ljava/lang/String;)V
     6: getstatic          #21                // Field
SingletonK.INSTANCE:LSingletonK;
     9: astore_1
    10: aload_1
    11: invokevirtual      #25                // Method
SingletonK.toString:()Ljava/lang/String;
    14: invokestatic       #31                // Method
kotlin/io/ConsoleKt.println:(Ljava/lang/Object;)V
    17: return
```

根据这段字节码中偏移量为 6 的指令可以看出,其实在源码中所编写的如下代码:

```
var a = Singleton
```

编译后变成了如下代码:

```
var a = Singleton.INSTANCE
```

由此可知, Kotlin 对于单例对象其实又一次使用了障眼法。在源代码中引用的单例对象类型, 之所以不能被实例化, 其实是因为单例对象已经是一个"实例对象", 自然不能再次实例化。

前文分析过 Kotlin 类型中的"伴随对象"的原理机制, 将"单例对象"与"伴随对象"这两种特殊的对象放在一起进行比较, 会发现它们的内部机制都差不多——

虽然在源码中只能将这两种对象当作普通变量使用,但是编译器会为这两种对象生成实实在在的类型,只不过在生成的类型中会同时生成一个属性,源代码对这两种对象的引用, 其实最终都被编译成对类中属性的直接引用。

单例模式的实现方式有好多种, 在 Java 中就有好几种不同的实现方式, 但是大部分实现机制都不那么完美——要么会占用内存, 要么会浪费计算资源, 这使得 Java 开发人员甚至一度怀疑 Java 是否有能力实现一种完美的单例机制。像 Kotlin 所实现的这种单例机制, 其实并不是最完美的, 因为与 Java 中最初实现的单例模式一样,

Kotlin 的这种实现机制会占用内存。Java 中最初实现的单例模式，基本模型如下所示：

```java
public class Singleton {

  private static final Singleton instance = new Singleton();

  public static Singleton getInstance() {
    return instance;
  }

  private Singleton() {

  }

}
```

这种实现机制与上面反向推导的 Kotlin 的单例模式实现机制基本类似，其实都是在 Singleton 类型加载期间完成单例实例化，通过类型仅加载一次（仅限同一个类加载器）的机制实现单例模式。但是这两种机制都有一个缺陷——如果类中定义了其他静态资源，程序在引用其他资源时并不想获取其单例，但是系统也会实例化一个类型对象，从而占用内存，这一点通过下面的示例可以证明。虽然一个类型貌似也占用不了多少内存，但是一方面有极客精神的大拿们看到这一点不能被优化就总是像心里压着一块石头一样难受，另一方面，万一类实例化过程中会大量创建其他对象，例如数据库连接池之类的，那么这种内存占用和计算资源的耗费就是不可估量的。所以大家不能忍受这种单例模式的实现机制。

清单：Singleton.java

功能：单例模式内存占用

```java
public class Singleton {
    public static final String a = "aa";

    private static final Singleton instance = new Singleton();

    public static Singleton getInstance() {
        return instance;
    }
```

```
    private Singleton() {
        System.out.println("constructor");
    }

    static{
        System.out.println("init");
    }

    public static void main(String[] args){
        System.out.println(Singleton.a);
    }
}
```

运行本示例的 main()函数，输出结果如下：

```
constructor
init
aa
```

这个结果已经非常能够说明问题了。本示例的验证思路是：在 main()函数中，本来是只想读取单例 Singleton 的静态变量 a 这个资源，并不想获取 Singleton 的实例对象。可是根据上面的打印结果可知，在读取静态变量 a 的过程中，其构造函数也被调用了，换言之，该单例完成了实例化。这就是这类单例模式实现机制的硬伤所在。

后来经过对单例模式的多次改造，大部分都会有多线程环境的问题，最终沉淀出一个完美的实现机制——通过内部类实现单例机制，其模型如下：

```
public class Singleton {
//定义一个内部类
    private static class LazyHolder {
        private static final Singleton INSTANCE = new Singleton();
    }
    private Singleton (){}
    public static final Singleton getInstance() {
        return LazyHolder.INSTANCE;
    }

}
```

使用内部类完美地避免了多线程问题（其实是利用 JVM 内部的机制实现了多线

程并发解决方案，JVM 对一个类的初始化会做同步控制，同一时间只会允许一个线程去初始化一个类，这样就从虚拟机层面避免了大部分单例实现机制所碰到的问题，尤其是"臭名昭著"的 double-check 机制），同时也不会占用内存。在这种机制下，如果你只想访问单例的其他静态资源，系统不会实例化单例对象。下面是一个测试程序。

清单：Singleton.java

功能：终极版 Java 单例模式实现方式

```java
public class Singleton {
    public static final String a = "aa";

    private static class LazyHolder {
        private static final Singleton INSTANCE = new Singleton();
        static {
            System.out.println("lazy holder");
        }
    }

    private Singleton (){
        System.out.println("constructor");
    }

    public static final Singleton getInstance() {
        return LazyHolder.INSTANCE;
    }

    /** 类加载阶段会执行 */
    static {
        System.out.println("init");
    }

    public static void main(String[] args) {
        System.out.println(Singleton.a);
    }
}
```

运行这里的 main() 主函数，打印结果如下：

```
init
```

```
aa
```

从打印结果可以验证：虽然 main()函数访问了单例类型中的静态资源，但是并没有触发单例类型的构造函数，并且其内部类也没有被加载，因为从打印结果并没有看到其内部类 static{}块逻辑被执行。从这个角度看，Kotlin 的单例设计模式的实现机制，并不是特别优秀^_^，希望可以在后续版本中进行改进。

针对单例模式，需要特别说明的是，开发者要想保持所获取的对象始终指向同一个实例，必须通过单例类型所给出的唯一接口实现。反之，如果通过其他接口对单例类型进行实例化，则会彻底破坏单例模式，例如，通过反射，便能完全打破单例模式。下面的示例是上面示例所演示的 Java 单例模式实现机制的终极版的 Singleton 类：

```java
public static void main(String[] args) throws Exception {
    Class klass = (Class)Class.forName("Singleton");

    //没有什么单例模式能够阻止反射的破坏
    Singleton s1 = (Singleton) klass.newInstance();
    Singleton s2 = (Singleton) klass.newInstance();
    System.out.println(s1 == s2);
}
```

这里通过反射先后两次实例化单例类型，结果打印结果为 false，这说明两次所获取到的实例对象已经不是同一个对象。然而 Kotlin 虽然对单例模式的实现机制的优化不是那么极致，却对单例对象的属性做了一定的优化——单例对象中的属性与通过 class 关键字所声明的普通对象中的属性的标记并不完全相同，单例对象中的属性都具有 static 性质。在 JVM 层面，打上该标记的属性都是全局性的，这就确保了单例对象中的属性不会随着单例对象实例的不同而不同，换言之，虽然单例类型仍然可以通过反射等技术手段打破单例模式，但是单例对象中的属性却依然保持其全局唯一性。下面的示例能够测试这种情况。

清单：Singleton.kt

功能：Kotlin 单例对象中的属性是全局唯一的

```kotlin
public object Singleton{
    override fun toString() = "singleton"

    /** 单例对象中的属性是 static 类型,全局唯一 */
```

```
    var a : Int? = null
}
```

这里定义了一个单例对象，并在其中定义了一个属性 a。下面通过反射实例化多个该单例类型的实例：

```
fun main(args:Array<String>){

    var klass = Class.forName("Singleton")
    var constru.or=klass.getDeclaredConstructor()
    construuctor.setAccessible(true)

    /** 通过构造函数实例化两个单例类型对象 */
    var s1=construuctor.newInstance() as Singleton
    var s2=construuctor.newInstance() as Singleton

    /** 注意这两个值是不一样的 */
    s1.a = 3
    s2.a = 5

    println("s1.a=${s1.a}, s2.a=${s2.a}")

}
```

这里在 main() 主函数中，通过反射创建了两个实例对象，然后先后为这两个实例对象中的属性 a 赋予不同的值，最后打印这两个实例对象的 a 属性的值。打印结果如下：

```
s1.a=5, s2.a=5
```

两个实例对象的 a 属性的值竟然都变成了 5！这足以证明 Kotlin 单例对象中的属性是 static 类型的了——如果你还不放心，可以自行编译并分析字节码信息予以证明。

对 Kotlin 单例对象便研究到这里，总体来说，想透彻研究单例模式，需要对 JVM 加载类和实例化类的机制比较熟悉，同时需要熟悉 JVM 的字节码指令和规范。